第十二届

中国土木工程詹天佑奖

获奖工程集锦

中国土木工程学会
北京詹天佑土木工程科学技术发展基金会

郭允冲 主编

中国建筑工业出版社

《第十二届中国土木工程詹天佑奖获奖工程集锦》编委会

主　　编：郭允冲
副 主 编：冯正霖　卢春房　刘士杰　张玉平　崔建友
编　　辑：程　莹　薛晶晶　董海军

领导题词

继往开来，与时俱进，再创土木工程辉煌。

蔡庆华
二〇一二年九月

中国土木工程学会顾问、铁道部原副部长蔡庆华题词

依靠科技创新努力提高土木工程建设水平

谭庆琏
二〇一二年六月廿日

中国土木工程学会、詹天佑基金会名誉理事长、住房城乡建设部原副部长谭庆琏题词

质量是工程的生命
创新是质量的灵魂

李居昌 二〇〇二年七月

以科技创新为己任
以质量百年为核心
树土木工程业丰碑

二〇〇四年四月
胡希捷

交通部原副部长李居昌题词

中国土木工程学会顾问、交通部原副部长胡希捷题词

倡导科技创新
发展建设事业

许溶烈
二〇〇三年六月廿七日

贺詹天佑土木工程大奖

管理领先争优
科技创新夺奖

姚兵
壬午之夏

詹天佑土木工程科技发展基金管委会前主席、住房城乡建设部原总工许溶烈题词

中纪委驻建设部纪检组原组长姚兵题词

前言

詹天佑土木工程科学技术奖
第十二届中国土木工程詹天佑奖获奖工程集锦

土木工程是一门与人类历史共生并存、集人类智慧于大成的综合性应用学科,它源自人类生存的基本需要,转而渗透到了国计民生的方方面面,在国民经济和社会发展中占有重要的地位。如今,一个国家的土木工程技术水平,也已经成为衡量其综合国力的一个重要内容。

"科技创新,与时俱进",是振兴中华的必由之路,是保证我们国家永远立于世界民族之林的关键。同其他科学技术一样,土木工程技术也是一门需要随着时代进步而不断创新的学科,在我们中华民族为之骄傲的悠久历史上,土木建筑曾有过举世瞩目的辉煌!在改革开放的今天,现代化进程为中华大地带来了日新月异的变化,国民经济发展迅猛,基础建设规模空前,我国先后建成了一大批具有国际水平的重大工程项目。这无疑为我国土木工程技术的发展与应用提供了无比广阔的空间,同时,也为工程建设者们施展才能提供了绝妙的机会。可是我们不能忘记,机遇与挑战并存,要想准确地把握机遇,我们必须拥有推陈出新的理念和自主创新的成就,只有这样,我们才能在强手如林的国际化竞争中立于不败之地,不辜负时代和国家寄予我们的厚望。

为了贯彻国家关于建立科技创新体制和建设创新型国家的战略部署,积极倡导土木工程领域科技应用和科技创新的意识,中国土木工程学会与北京詹天佑土木工程科学技术发展基金会专门设立了"中国土木工程詹天佑奖",以资奖励和表彰在科技创新特别是自主创新方面成绩卓著的优秀项目,树立科技领先的样板工程,并力图达到以点带面的目的。自1999年开始,迄今已评奖十二届,共计336项工程获此殊荣。

詹天佑奖是经住房城乡建设部审定(建办[2001] 38号和[2005] 79号文)并得到交通运输部、中国铁路总公司、水利部等鼎力支持的全国建设系统的主要奖励项目;同时也是由科技部核准的全国科技奖励项目之一(国科奖社证字第14号)。

为了扩大宣传,促进交流,我们编撰出版了这部《第十二届中国土木工程詹天佑奖获奖工程集锦》大型图集,对第十二届的28项获奖工程作了简要介绍,并配发了具有代表性的图片,以助读者更为直观地领略获奖工程的精华之所在。另外,我们也想借助这本图集的发行,赢得广大工程界的朋友对"詹天佑奖"更进一步的了解、支持和参与,希望通过我们的共同努力,使这一奖项更具创新性、先进性和权威性。

由于编印时间仓促,疏漏之处在所难免,敬请批评指正。

本图集主要是根据第十二届詹天佑奖申报资料中的照片和说明以及部分获奖单位提供的获奖工程照片选编而成。谨此,向为本图集提供资料及图片的获奖单位表示诚挚的谢意。

目录

获奖工程及获奖单位名单	010
中国土木工程詹天佑奖简介	014
昆明新机场	018
广州珠江新城西塔	024
天津文化中心	030
中国国家博物馆改扩建工程	042
南京南站站房工程	046
深圳湾体育中心	052
合肥京东方第六代薄膜晶体管液晶显示器件厂房项目	056
成都双流国际机场T2航站楼	060
金融街·重庆金融中心	064
海南国际会展中心	068
广州国际体育演艺中心（NBA多功能篮球馆）	072
南京大胜关长江大桥	076
沪蓉西高速公路支井河特大桥	080
柳州双拥大桥	086
京沪高速铁路	092
秦岭终南山公路隧道	098
青岛胶州湾海底隧道	104
上海上中路隧道	110
广州绕城公路东段（含珠江黄埔大桥）	114
沿江高速公路芜湖至安庆段	120
上海港外高桥港区六期工程	124
北京地铁大兴线	130
北京地铁10号线国贸站	134
香港市区截流蓄洪工程	138
重庆市主城区天然气系统改扩建工程头塘储配站	144
旧广州水泥厂社区改造项目（岭南新苑、财富天地广场）	148
武汉百瑞景中央生活区（一、二期工程）	154
海军1112工程消磁站工程	162

获奖工程及获奖单位名单

昆明新机场
（推荐单位：中国建筑股份有限公司）

中国建筑股份有限公司
中国建筑第八工程局有限公司
北京城建集团有限责任公司
云南建工第五建设有限公司
昆明新机场建设指挥部
北京市建筑设计研究院有限公司
中国民航机场建设集团公司
北京中企卓创科技发展有限公司
清华大学
江苏沪宁钢机股份有限公司
深圳市三鑫幕墙工程有限公司
云南省地震工程研究院
上海市建设工程监理有限公司
云南建工第四建设有限公司
中国水利水电第十六工程局有限公司
西北民航机场建设集团有限责任公司
中国水电顾问集团昆明勘测设计研究院
广东省建筑装饰工程有限公司
云南阳光道桥股份有限公司
中国建筑西南勘察设计研究院有限公司
华翔飞建筑装饰工程有限公司

广州珠江新城西塔
（推荐单位：广东省土木建筑学会）

中国建筑股份有限公司
广州建筑股份有限公司
中国建筑第四工程局有限公司
广州市城市建设开发有限公司
中建三局集团有限公司
广州越秀城建国际金融中心有限公司
华南理工大学建筑设计研究院
广州城建开发工程咨询监理有限公司
中建四局第六建筑工程有限公司
中建钢构有限公司
中建四局安装工程有限公司
广州市第一建筑工程有限公司
广州市机电安装有限公司
中建三局装饰有限公司
中国建筑装饰集团有限公司

天津文化中心
（推荐单位：天津市土木工程学会）

天津市城乡建设委员会
天津市规划局
天津市城市规划设计研究院
天津建筑设计院
华东建筑设计研究院有限公司

天津华汇工程建筑设计有限公司
上海市城市建设设计研究总院
华南理工大学建筑设计研究院
德国gmp国际建筑设计有限公司
迪巍思建筑咨询（上海）有限公司
天津三建建筑工程有限公司
天津市建工工程总承包有限公司
中国建筑第七工程局有限公司
上海建工七建集团有限公司
天津二建建筑工程有限公司
中建三局建设工程股份有限公司
天津乐城置业有限公司
天津市房地产开发经营集团有限公司

中国国家博物馆改扩建工程
（推荐单位：北京市建筑业联合会）

北京城建集团有限责任公司
中国建筑科学研究院
北京城建精工钢结构工程有限公司
北京双圆工程咨询监理公司

南京南站站房工程
（推荐单位：中国建筑工程总公司）

中国建筑第八工程局有限公司
中铁四局集团有限公司
北京市建筑设计研究院有限公司
中铁第四勘察设计院集团有限公司
上海建科工程咨询有限公司
中建八局第三建设有限公司
中建安装工程有限公司
上海中建八局装饰有限公司

深圳湾体育中心
（推荐单位：广东省土木建筑学会）

中建三局集团有限公司
华润深圳湾发展有限公司
深圳市勘察研究院有限公司
北京市建筑设计研究院有限公司
深圳市中海建设监理有限公司
中建钢构有限公司
浙江精工钢结构有限公司
中建三局装饰有限公司

合肥京东方第六代薄膜晶体管液晶显示器件厂房项目
（推荐单位：中国建筑工程总公司）

中建一局集团建设发展有限公司
合肥京东方光电科技有限公司
世源科技工程有限公司

获奖工程及获奖单位名单

合肥工大建设监理有限责任公司
柏诚工程（江苏）股份有限公司
安徽富煌钢构股份有限公司
7

成都双流国际机场T2航站楼
（推荐单位：中国建筑工程总公司）

中建三局集团有限公司
中国建筑西南设计研究院有限公司
成都双流国际机场建设工程指挥部
8

金融街·重庆金融中心
（推荐单位：重庆市土木建筑学会）

中国建筑第二工程局有限公司
金融街重庆置业有限公司
中国中元国际工程公司
中建二局安装工程有限公司
北京江河幕墙股份有限公司
9

海南国际会展中心
（推荐单位：中国建筑工程总公司）

中建二局第二建筑工程有限公司
江苏沪宁钢机股份有限公司
中国建筑设计研究院
10

广州国际体育演艺中心（NBA多功能篮球馆）
（推荐单位：广东省土木建筑学会）

广州市第四建筑工程有限公司
广州开发区政府投资建设项目管理中心
广州市设计院
北京城建集团有限责任公司
上海宝冶集团有限公司
11

南京大胜关长江大桥
（推荐单位：中国铁路总公司建设管理部）

京沪高速铁路股份有限公司
中铁大桥勘测设计院集团有限公司
中铁大桥局股份有限公司
铁科院（北京）工程咨询有限公司
12

沪蓉西高速公路支井河特大桥
（推荐单位：中国铁建股份有限公司）

中国铁建大桥工程局集团有限公司
中交第二公路勘察设计研究院有限公司
中交路桥技术有限公司
中铁二院（成都）咨询监理有限公司
湖北沪蓉西高速公路建设指挥部
13

柳州双拥大桥
（推荐单位：中国中铁股份有限公司）

中铁上海工程局有限公司
中铁四局集团有限公司
四川省交通厅公路规划勘察设计研究院
中铁交通投资集团有限公司
柳州市城市投资建设发展有限公司
14

京沪高速铁路
（推荐单位：中国铁路总公司建设管理部）

京沪高速铁路股份有限公司
铁道第三勘察设计院集团有限公司
中铁第四勘察设计院集团有限公司
北京全路通信信号研究设计院有限公司
中铁电气化勘测设计研究院有限公司
中铁大桥勘测设计院集团有限公司
中国铁道科学研究院
中铁十七局集团有限公司
中铁十八局集团第五工程有限公司
中铁十九局集团有限公司
中铁一局集团有限公司
中铁二局第五工程有限公司
中铁六局集团太原铁路建设有限公司
中国水利水电建设股份有限公司
中铁十六局集团第五工程有限公司
中铁十二局集团有限公司
中铁十四局集团第五工程有限公司
中铁十五局集团第六工程有限公司
中铁三局集团有限公司
中铁五局集团第二工程有限责任公司
中铁八局集团第一工程有限公司
中国交通建设股份有限公司
中铁十一局集团有限公司
中铁四局集团有限公司
中铁建工集团有限公司
中铁建设集团有限公司
中国建筑股份有限公司
上海建工集团股份有限公司
中铁二十四局集团有限公司
中铁电气化局集团有限公司
中国铁路通信信号股份有限公司
易程科技股份有限公司
甘肃铁一院工程监理有限责任公司
华铁工程咨询有限责任公司
北京铁城建设监理有限责任公司
中铁二院（成都）咨询监理有限公司
铁科院（北京）工程咨询有限公司
北京中铁诚业工程建设监理有限公司
北京铁研建设监理有限责任公司
15

获奖工程及获奖单位名单

秦岭终南山公路隧道
（推荐单位：交通运输部）

陕西省交通建设集团公司
中铁十二局集团有限公司
中铁第一勘察设计院集团有限公司
中交隧道工程局有限公司
中铁十八局集团有限公司
中铁二十一局集团第三工程有限公司

16

青岛胶州湾海底隧道
（推荐单位：青岛市土木建筑工程学会）

青岛国信胶州湾交通有限公司
中铁隧道勘测设计院有限公司
中铁十六局集团有限公司
中铁二局股份有限公司
中铁十八局集团有限公司
中铁隧道集团有限公司
中铁电气化局集团有限公司
青岛海信网络科技股份有限公司
青岛路桥建设集团有限公司
青岛市政建设发展有限公司
中铁三局集团有限公司
中铁十九局集团有限公司
四川铁科建设监理有限公司
重庆中宇工程咨询监理有限责任公司
甘肃铁一院工程监理有限公司

17

上海上中路隧道
（推荐单位：上海市土木工程学会）

上海隧道工程股份有限公司
上海市隧道工程轨道交通设计研究院
上海黄浦江越江设施投资建设发展有限公司
英泰克工程顾问（上海）有限公司

18

广州绕城公路东段（含珠江黄埔大桥）
（推荐单位：广东省交通运输厅、广东省土木建筑学会）

广州珠江黄埔大桥建设有限公司
广东省长大公路工程有限公司
华南理工大学
中交公路规划设计院有限公司
江苏法尔胜股份有限公司
中铁一局集团有限公司
武船重型工程股份有限公司
中铁港航局集团第二工程有限公司

19

沿江高速公路芜湖至安庆段
（推荐单位：中国土木工程学会工程风险与保险研究分会、安徽省交通运输厅）

安徽省高速公路控股集团有限公司

20

安徽省交通规划设计研究院有限公司
安徽省公路桥梁工程有限公司
安徽省路港工程有限责任公司
安徽省高等级公路工程监理有限公司
安徽省高速公路试验检测科研中心

20

上海港外高桥港区六期工程
（推荐单位：中国土木工程学会港口工程分会）

上海国际港务（集团）股份有限公司
中交水运规划设计院有限公司
中建港务建设有限公司
龙元建设集团股份有限公司
红阳建工集团有限公司

21

北京地铁大兴线
（推荐单位：北京市建筑业联合会）

铁道第三勘察设计集团有限公司
北京市轨道交通建设管理有限公司
北京住总集团有限责任公司
中铁二局股份有限公司
中铁十八局集团有限公司
中铁隧道集团有限公司
北京市市政工程设计研究总院
北京建工集团有限责任公司
北京城建设计发展集团股份有限公司
中铁电气化勘测设计研究院有限公司

22

北京地铁10号线国贸站
（推荐单位：中国铁道建筑总公司）

中铁十六局集团有限公司
铁道第三勘察设计集团有限公司
北京地铁监理公司

23

香港市区截流蓄洪工程
（推荐单位：香港工程学会）

香港特别行政区政府渠务署
艾奕康有限公司
奥雅纳工程顾问（Arup）有限公司
莫特麦克唐纳香港有限公司

24

重庆市主城区天然气系统改扩建工程头塘储配站
（推荐单位：中国土木工程学会城市燃气分会）

重庆燃气集团股份有限公司
中国市政工程华北设计研究总院
合肥通用机械研究院
中国化学工程第十三建设有限公司
重庆燃气安装工程有限责任公司

25

获奖工程及获奖单位名单

旧广州水泥厂社区改造项目（岭南新苑、财富天地广场）
（推荐单位：中国土木工程学会住宅工程指导工作委员会）

广州市越汇房地产开发有限公司
广州城建开发设计院有限公司
广州瀚华建筑设计有限公司
广州建筑股份有限公司
广州市第三建筑工程有限公司
广州市第四建筑工程有限公司
广州城建开发工程咨询监理有限公司
广州城建开发装饰有限公司
广州市第三市政工程有限公司
广东省工业设备安装公司

26

武汉百瑞景中央生活区（一、二期工程）
（推荐单位：中国土木工程学会住宅工程指导工作委员会）

中铁大桥局集团武汉地产有限公司
悉地国际设计顾问（深圳）有限公司
中铁建工集团有限公司

27

海军1112工程消磁站工程
（推荐单位：中国土木工程学会防护工程分会）

中国人民解放军91003部队
海军工程设计研究院
海军工程大学
中交第四航务工程局有限公司
中交四航局第三工程有限公司

28

中国土木工程詹天佑奖简介

一、为贯彻国家科技创新战略，提高工程建设水平，促进先进科技成果应用于工程实践，创造出优秀的土木建筑工程，特设立中国土木工程詹天佑奖。本奖项旨在奖励和表彰我国在科技创新和科技应用方面成绩显著的优秀土木工程建设项目。本奖项评选要充分体现"创新性"（获奖工程在规划、勘察、设计、施工及管理等技术方面应有显著的创造性和较高的科技含量）、"先进性"（反映当今我国同类工程中的最高水平）、"权威性"（学会与政府主管部门之间协同推荐与遴选）。

本奖项是我国土木工程界面向工程项目的最高荣誉奖，由中国土木工程学会和北京詹天佑土木工程科学技术发展基金会颁发，在住房城乡建设部、交通运输部、中国铁路总公司及水利部等建设主管部门的支持与指导下进行。

本奖自第三届开始每年评选一次，每次评选获奖工程30项左右。

二、本奖项隶属于"詹天佑土木工程科学技术奖"（2001年3月经国家科技奖励工作办公室首批核准，国科准字001号文），住房城乡建设部认定为建设系统的三个主要评比奖励项目之一（建办38号文）。

三、本奖项评选范围包括下列各类工程：
1. 建筑工程（含高层建筑、大跨度公共建筑、工业建筑、住宅小区工程等）；
2. 桥梁工程（含公路、铁路及城市桥梁）；
3. 隧道及地下工程、岩土工程；
4. 公路及场道工程；
5. 铁路工程；
6. 港口及海洋工程；
7. 市政工程（含给水排水、燃气热力工程）；
8. 水利、水电工程；

第 十 一 届 中 国 土 木 工

科技部颁发奖项证书　　　　　　　　　　获奖代表领奖　　　　　　　　　　评审会议

9. 特种工程（含防护工程、核工程、航空航天工程、塔桅工程、管道工程等）。

申报本奖项的单位必须是中国土木工程学会的团体会员。申报本奖项的工程需具备下列条件：

1. 必须在规划、勘察、设计、施工及管理等方面有所创新和突破（尤其是自主创新），整体水平达到国内同类工程领先水平；

2. 必须突出体现应用先进的科学技术成果，有较高的科技含量，具有一定的规模和代表性；

3. 必须贯彻执行节能、节地、节水、节材以及环境保护等可持续发展方针，在技术方面有所创新或形成成套技术；

4. 工程质量必须达到优质；

5. 必须通过竣工验收。对建筑、市政等实行一次性竣工验收的工程，必须是已经完成竣工验收并经过一年以上使用核验的工程；对铁路、公路、港口、水利等实行"交工验收或初验"与"正式竣工验收"两阶段验收的工程，必须是已经完成竣工验收的工程。

四、根据本奖项的评选工程范围和标准，由学会各级组织、建设主管部门提名参选工程；根据上述提名，经詹天佑奖评委会进行遴选，提出候选工程；由候选工程的建设总负责单位填报"詹天佑奖申报表"和有关申报材料；最后由詹天佑奖指导委员会和评审委员会审定。詹天佑奖的评审由"詹天佑奖评选委员会"组织进行。评选委员会由各专业的土木工程专家组成。

詹天佑奖指导委员会负责工程评选的指导和监督。指导委员会由住房城乡建设部、交通运输部、中国铁路总公司、水利部等有关部门领导组成（名单附后）。

五、在评奖年度组织召开颁奖大会，对获奖工程的主要参建单位授予"詹天佑"奖杯、奖牌和荣誉证书，并统一组织在相关媒体上进行获奖工程展示。

住房城乡建设部、交通运输部、中国铁路总公司、水利部、中国科学技术协会等部委领导与获奖代表合影

詹天佑奖指导委员会名单

中国土木工程詹天佑奖指导委员会
2014年10月

顾　问：谭庆琏　建设部原副部长、中国土木工程学会第八届理事会理事长、
　　　　　　　　第九届理事会名誉理事长
　　　　许溶烈　建设部原总工程师、中国土木工程学会第六届理事会理事长、詹天佑基金会创始人
主　任：郭允冲　中国土木工程学会第九届理事会理事长、住房城乡建设部原副部长
副主任：冯正霖　中国土木工程学会第九届理事会副理事长、交通运输部副部长
　　　　卢春房　中国土木工程学会第九届理事会副理事长、中国铁路总公司副总经理
委　员：刘士杰　中国土木工程学会第九届理事会副理事长、建设报原社长
　　　　赖　明　中国土木工程学会第九届理事会常务理事、九三学社副主席、
　　　　　　　　住房城乡建设部科技司原司长
　　　　张玉平　中国土木工程学会第九届理事会秘书长、国务院参事，北京市政府原副秘书长
　　　　何华武　中国铁路总公司总工程师、中国工程院院士
　　　　周海涛　中国土木工程学会第九届理事会常务理事、交通运输部总工程师（公路）
　　　　徐　光　中国土木工程学会第九届理事会常务理事、交通运输部总工程师（水路）
　　　　吴慧娟　中国土木工程学会第九届理事会常务理事、住房城乡建设部建筑市场监管司司长
　　　　孙继昌　中国土木工程学会第九届理事会常务理事、水利部建设与管理司司长
　　　　刘正光　中国土木工程学会第九届理事会常务理事、香港工程师学会原会长

科学技术奖证书

中华人民共和国
社会力量设立科学技术奖登记证书

登记证书编号： 国 科奖社证字第 0014 号

奖项名称：	詹天佑土木工程奖	承办机构：	北京詹天佑土木工程科学技术发展基金会
设奖者：	中国土木工程学会	承办机构法定代表人：	张雁
奖励范围：	奖励全国具有创新性和较高科技含量的工程项目及完成主要工程的主要单位。	承办机构地址：	北京市三里河路9号

根据《国家科学技术奖励条例》规定，准予该奖项进行评奖活动。

有效期自 2011 年 09 月 13 日至 2014 年 09 月 13 日

发证机关： 国家科学技术奖励工作办公室　　　中华人民共和国科学技术部

2011 年 09 月 13 日　　　　　　　　　　　2011 年 09 月 13 日

昆明新机场

(推荐单位：中国建筑股份有限公司)

一、工程概况

昆明新机场位于昆明市官渡区大板桥镇，距市中心约24.5km，距小江地震带12km，其±0.000m相当于绝对标高2102.85m。

飞行区本期按4F标准建设东西两条跑道，东跑道长4000m、宽60m，西跑道长4000m、宽45m，两条跑道中心线间距1950m，场道总面积293万m^2。

航站区工程总建筑面积71.58万m^2，其中航站楼54.83万m^2（含屋面挑檐3.223万m^2、登机桥固定端1.23万m^2、地下结构架空层5.53万m^2），站坪停机位84个，可停泊空客A380等大型客机；停车楼16.74万m^2，楼前高架桥7.3万m^2。

设计目标为2020年旅客吞吐量3,800万人次，近机位数量68个。

工程于2008年4月30日开工建设，2012年6月28日竣工，总投资180.57亿元。

二、科技创新与新技术应用

1. 大规模采用减隔震技术的大型枢纽机场工程，昆明新机场抗震设防综合技术，带动减隔震技术国产化创新，为今后类似工程设计提供了借鉴和示范，推动了地方优势产业发展。

2. 应用了钢彩带结构作为屋盖的主要支撑体系，使航站楼建筑设计与结构设计达到完美的协调统一，开创了该类超大型异形钢结构的设计先例。

3. 率先在国内大型机场实现行李自动分拣系统国产化：大型枢纽机场行李处理系统智能成套装备研制开发关键技术，填补了国内同类产品的空白，提高了我国大型机场行李处理系统的自主研发、制造和配套能力，为今后机场行李处理系统的市场开拓提供了保障。

4. 国内机场首创基于BIM的机电设备安装4D管理系统与信息知识管理平台，为机场运维信息化管理探索了新的方法、技术和手段。

5. 采用沥青混凝土跑道：双跑道新建沥青道面关键技术，建立了完整的施工规范和质量检测标准，为新一轮设计规范的修订提供了科学依据和工程实例。

6. 同步开展了机场净空和电磁环境保护规划，并开发了机场净空三维管理软件。该两个规划和软件可方便了解机场净空、电磁环境的现状和未来的保护范围，保证机场安全运行并为未来发展预留足够和适宜的空间，优先保护、防患于未然。

7. 机场建设中实施数字化施工及信息化的工程管理，"天宝数字化施工控制系统"实时控制施工质量，提高工作效益，实现了实时信息交流。

昆明机场正面全景图

三、获奖情况

1. "大型枢纽机场行李分拣系统特征实验线研制建设"获2011年度云南省科技进步一等奖；

2. "山区机场高填方地基稳定及变形控制关键技术研究"获2013年度教育部科技进步二等奖；

3. 2012年度云南省建筑业协会云南省优质工程一等奖;
4. 2010年度中国建筑金属结构协会中国钢结构金奖。

机场航拍

屋面挑檐

昆明新机场

机场侧立面

机场高速公路

021

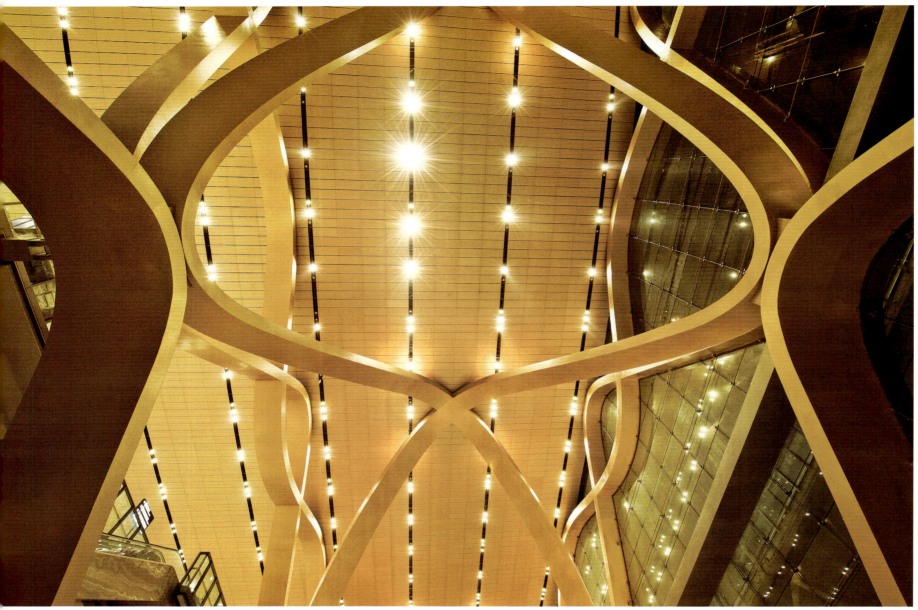

钢彩带

金属屋面

配电间

拉索幕墙

大空间吊顶

广州珠江新城西塔

（推荐单位：广东省土木建筑学会）

一、工程概况

广州珠江新城西塔（广州国际金融中心、广州西塔）位于珠江新城核心金融商务区，是集办公、酒店、休闲娱乐为一体的综合性商务中心。总用地面积31,084m^2，建筑总面积454,331m^2，建筑总高度440.75m，分为主塔楼、附楼、裙楼和地下室四部分。主塔楼103层，建筑高度440.75m。附楼由两座塔楼组成，塔楼28层，建筑高度99.8m。裙楼5层。地下室4层，局部5层。主塔楼（1～103层）工程结构为钢管混凝土柱斜交网外筒+钢筋混凝土核心筒；附楼（1～28层）工程结构为框支剪力墙结构。基础类型为混凝土灌注桩和天然地基+抗拔锚杆。

主塔楼1～66层为智能化超甲级写字楼，67～103层是五星级酒店——四季酒店；附楼两座塔楼（6～28层）为套间式办公楼；裙楼为友谊商场和四季酒店宴会厅、会议中心；地下室是车库及设备用房。

工程于2005年12月26日开工建设，2012年6月30日竣工，总投资50亿元。

二、科技创新与新技术应用

1. 主塔楼采用钢管混凝土柱斜交网格外筒+钢筋混凝土核心筒的筒中筒结构体系，设计新颖，结构合理，抗风和抗震性能好，并且节约钢材。巨型斜交网格钢管混凝土柱节点设计为首创，该节点具有受力合理、便于施工及节省材料等优点，并获实用新型专利。

2. 施工中研发了低位三支点长行程整体顶升钢平台可变模架体系，满足了核心筒结构竖向变化较多的施工要求。三部施工电梯通过三角钢架连接结构，在国内首次实现了施工电梯27m自由高度，使施工电梯直接服务最高施工面。该系统及成套施工技术为国内外首创，为同类工程提供了成功范例。

3. 高强混凝土超高泵送成套技术，C80混凝土泵送至410m。

4. 巨型钢管混凝土"X"钢节点的制作、安装成套技术。采用工厂实体预拼装、计算机模拟预拼装、计算机模拟安装及"双夹板对接自平衡"等技术，成功解决了超长、超重吊装及倾斜柱高精度制作安装难题。

5. 首次应用建筑工业化理念，实现构件结构的系统性优化拼装。从生产制作、运输、施工、安装，到装饰装修的一体化，形成工业化施工集成系统。装饰装修地板石材、干挂石材、墙身进口氧化铝板等材料全部采用电脑排板、编码，工厂专业化加工方法。

三、获奖情况

1. "超高层智能化整体顶升工作平台及模架体系"获得2011年度国家技术发明奖二等奖；

全景

2. 2012年度英国皇家建筑学会"莱伯金奖"；
3. 2011年度教育部优秀建筑结构专业设计一等奖；
4. 2013年度广东省建筑业协会广东省建设工程优质奖；
5. 2009年度中国建筑金属结构协会中国钢结构金奖。

广州珠江新城西塔

全景

外景

主塔楼70层酒店大堂

主塔楼70层酒店中庭

写字楼首层大堂顶部

夜景

天津文化中心

（推荐单位：天津市土木工程学会）

一、工程概况

工程于2006年4月29日开工建设，2010年9月8日竣工，总投资20.6亿元。项目位于天津中心城区南部，占地90hm²。新建面积92万m²，地上47万m²，地下45万m²，保留建筑8万m²，合计总建筑面积100万m²。整体布局利用中心湖形成开敞空间，底景布置大剧院，南侧布置博物馆、美术馆、图书馆，北侧布置市民广场和阳光乐园；区内越秀路下穿通行，广东路延长线以步行为主，建设四条地铁线，一处公交首末站；3个地面停车场及多个地下车库出入口和出租车落客点。

天津大剧院建筑面积9万m²，地上5层，地下1层，高32m。由综艺剧场（1600座）、音乐厅（1200座）和多功能厅（400座）组成，室外临水平台提供了半室外的观景及临演场地。

天津图书馆建筑面积5.5万m²，地上5层，地下1层，高30m。藏书600万册，日读者流量5000人次。阶梯状的露台和如同悬浮的书架组成内部空间，外墙石材百叶塑造出透明感十足的立面效果。

天津博物馆建筑面积5.5万m²，地上5层，地下1层，高30m。馆藏20门类30万件，画册20余万册。以六重门寓意天津设卫建城600年，内部空间用30m宽、14m高、100m长的时光隧道串联各展厅，通过93级台阶直达未来之窗。

天津美术馆建筑面积2.8万m²，地上4层，地下1层，高30m。设四个长期展厅和多个巡回展厅，进行学术交流培训、美术作品展示、研究和收藏，可收藏珍贵藏品1万件。

阳光乐园建筑面积8.2万m²，地上5层，地下1层，高30m，是青少年寓教于乐的综合基地。内部空间采用夸张的积木阳台和鲜艳纯粹的色彩，外立面以石材、金属板和玻璃为主要材料，构成连续、均质的图案式建筑表皮。

市民广场建筑面积37万m²，地上5层，地下2层，高33m。以"日辉、月光、星光、大地"为主题的四个中庭整体效果亲切、宏大，是集购物、餐饮、娱乐、休闲、文化等多功能业态聚合的国际化购物中心。

工程于2009年9月开工建设，2012年3月竣工，总投资139亿元。

二、科技创新与新技术应用

1. 规划先进创新，挖掘地域文化资源，突出城市中心的文化性、公共性、整体性。保留原有自然博物馆、中华剧院、科技馆、青少年活动中心为基础，与新建大剧院、美术馆、图书馆、博物馆等整合成具有文化特色的城市公共空间，体现以人为本的规划理念。

2. 多层富水地层中超深地连墙施工技术及在深厚沙层中的应用，有效解决富水地层中超深地连墙施工难题，形成了针对天津地区超深地连墙施工工法。

文化中心全景

3. 复杂地质条件下深埋地下钢管柱精确定位技术研究及应用，控制精度高，操作简单，施工效率高，成本低，安全风险小。

4. 大型特殊结构布置条件下的钢结构工程设计及施工关键技术。首次实现了"大跨度、长悬挑、重吊挂"相结合的结构体系，平板与桁架组合的蒙皮结构抗扭性能高，有效解决了超大悬挑结构的稳定性和安全性难题，具有创新和示范性。

5. 钢框架-支撑与空间桁架相结合的结构体系创新性强，受力合理，抗震性能高，有效解决了复杂的建筑空间功能要求。

6. 超高玻璃肋支撑吊挂式中空全玻幕墙施工技术，具有良好的通透性、建筑立面显得通体明亮，具有很好的推广价值。

7. 楼板封闭后超高钢管混凝土叠合清水柱施工技术。表观质量高，一次性浇注成功，有效减少清水混凝土专业修补工作。

8. 超大规模建筑群可再生能源利用与综合蓄能调控技术。采用带有冷、热调峰复合以及冰蓄冷技术的三工况水/地源热泵系统，包含浅层地下水水源热泵系统、垂直土壤埋管地源热泵系统。

9. 光伏发电系统专电专用即发即用控制技术。7400m^2非晶硅薄膜电池，年发电量36万度，为车库照明提供绿色电力。

10. 生态水系统。利用雨水和中水建设中心湖，通过净化系统，达到地表水环境质量标准三类以上，高于天津市中心城区现有地表水标准。

三、获奖情况

1. 2013年度天津市城市规划协会天津市优秀城乡规划设计一等奖；

2. 2013年度天津市勘察设计协会"海河杯"天津市优秀勘察设计特等奖；

3. 2011年度天津市建筑业协会天津市建筑工程"结构海河杯"奖；

4. 2012年度天津市建筑业协会天津市建设工程"金奖海河杯"奖；

5. 2011~2012年度中国建筑金属结构协会中国钢结构金奖；

6. 2011年度浙江省钢结构行业协会浙江省建筑钢结构金刚奖（天津大剧院）。

天津大剧院夜景

天津大剧院音乐厅

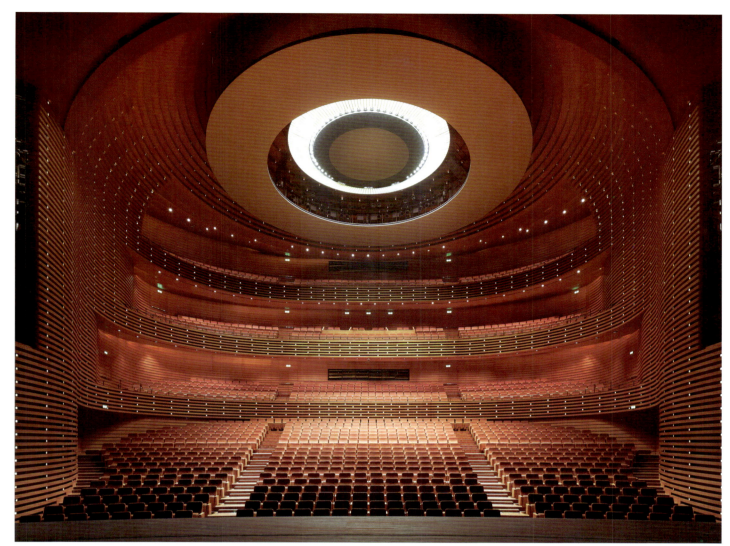

天津大剧院歌剧厅

天津大剧院日景

天津图书馆日景

天津图书馆夜景

天津文化中心

天津图书馆外墙——石材百叶

天津图书馆阅读空间

天津图书馆共享空间

天津博物馆日景

天津博物馆夜景

天津博物馆一角

天津博物馆室内——未来之窗

阳光乐园日景

阳光乐园全景

阳光乐园室内

阳光乐园顶棚

阳光乐园近景

天津美术馆日景

天津美术馆局部

天津美术馆室内

天津美术馆室内

市民广场夜景

市民广场内景

阳光乐园日景

中国国家博物馆改扩建工程

(推荐单位：北京市建筑业联合会)

一、工程概况

中国国家博物馆改扩建工程位于天安门广场东侧，与人民大会堂相对称布局。总建筑面积为19.19万m^2，南北长319.60m，东西宽194.80m，建筑高度为42.5m。

中国国家博物馆是在其保留原有革命、历史博物馆北、西、南三面原有建筑风格的基础上组建而成。新馆建筑面积156,448m^2，新老建筑水平间隔仅0.7m，在保护和传承已有建筑的基础上，较大规模地增加了新建建筑，实现了新老馆建筑的和谐统一。

新馆建筑室内设计非常新颖，空间变化多、楼层错层多而复杂。其2500m^2的"白玉厅"设于1.4万m^2的"入口大厅"之上（大厅由北向南约250m长）；在"中央大厅"与其顶部的高大展厅构成双层高大建筑空间。在总建筑高度受限的条件下，充分利用了桁架结构的空间特点，巧妙地将藻井、机房、专业管道等全部布置在桁架结构内。最大程度地利用了桁架结构空间，实现了结构方案与建筑设计的完美结合。

新馆地下2层，建筑面积76,769m^2。用于文物库房、展厅、学术报告厅、数码影院及停车场等，地上5层，建筑面积79,679m^2，首层设有入口大厅、中央大厅、贵宾厅；二、三、四层为展厅，五层为多功能厅及餐厅。

主体为钢筋混凝土结构，桩筏基础，楼层及屋顶大跨部分采用钢桁架结构，平面上结合电梯间、机房等比较均匀地布置若干组钢筋混凝土筒体，与框架梁柱一起构成结构抗侧力体系，形成钢筋混凝土-筒体结构。其竖向支撑结构采用了钢板混凝土组合剪力墙和型钢混凝土柱。屋面板采用钢筋桁架楼板体系。抗震设防烈度8度，耐火等级一级，工程防水等级1级，设计使用年限100年。

工程于2007年7月13日开工建设，2011年1月27日竣工，总投资25亿元。

二、科技创新与新技术应用

1. 大跨度楼屋盖钢桁架与建筑形式的完美结合和高度统一：在总建筑高度受限的条件下，充分利用了桁架结构的空间特点，巧妙地将藻井、专业管道等全部布置在桁架结构内，合理解决了机房、冷却塔的布置难题。

2. 钢板—混凝土组合剪力墙的首次实践应用：采用钢板—混凝土组合剪力墙的创新结构，并通过理论和试验研究提出其承载力计算方法，成功解决了钢板—混凝土组合剪力墙的设计和施工技术问题。

3. 首次进行大跨钢桁架—钢筋桁架楼板体系的楼盖舒适度研究，填补了国内外在该领域的一项空白。

西北向立面

4. 深基坑支护综合施工技术：采用护坡桩间加旋喷桩的支护方法，适当的提高锚杆的预应力锁定值，并对老馆进行合理保护。

5. 高大空间双层钢桁架施工安装技术：因地制宜地制定了综合集成的复杂钢桁架结构安装技术路线，综合运用了钢结构的整体提升多点对位、双层钢桁架叠拼逆装、冰刀法正反向滑移等多种安装技术，均为首次应用并获得成功。

三、获奖情况

1. "国家博物馆改扩建工程钢结构设计与施工关键技术研究"获2012年度北京市科学技术奖三等奖;

2. 2011年度中国建筑学会第七届全国优秀建筑结构设计一等奖;

3. 2012年度北京市规划委员会北京市第十六届优秀工程设计一等奖;

4. 2012~2013年度中国建筑业协会中国建设工程鲁班奖;

5. 2011年度中国勘察设计协会全国优秀工程勘察设计行业奖"工程勘察"一等奖;

6. 2009年度北京市工程建设质量管理协会北京市建筑(结构)长城杯金质奖;

7. 2011年度北京市工程建设质量管理协会北京市建筑(竣工)长城杯金质奖。

第十二届中国土木工程詹天佑奖获奖工程集锦

西立面

新老馆交界处

中国国家博物馆改扩建工程

航拍照片

入口大厅

南京南站站房工程

(推荐单位：中国建筑工程总公司)

一、工程概况

南京南站站房工程是京沪高铁五大枢纽站之一，总建筑面积为387,239m^2，其中主站房面积为281,021m^2，无站台柱雨棚106,281m^2。站房建筑最外轴线尺寸：南北长410.2m，东西宽156m，建筑高度58.3m，檐口高度48.376m。建设规模为3场28条站线。车场内设28座旅客站台，其中基本站台2座，中间站台26座。远期最高聚集人数按8000人考虑，为特大型站房建筑工程。

新建南京南站将地铁站、铁路桥梁和站房融为一体，采用"桥建合一"结构体系，建筑造型新颖，结构复杂，科技含量高。列车速度目标值高，工程采用了高标准的基础沉降控制标准，客站正线设计时速350km/h。

工程于2009年4月1日开工建设，2011年8月20日竣工，总投资48.9亿元。

二、科技创新与新技术应用

1. 采用劲性钢骨清水混凝土结构，钢筋绑扎、模板支设及混凝土浇灌施工难度大。在对清水型混凝土结构进行了详细的试验研究的基础上，形成一套清水型钢混凝土结构施工工艺，填补了国内在清水型钢混凝土结构施工工艺的空白。

2. 桁架层钢结构总重9万多吨，下方的地铁、两侧雨篷结构同时在施工，主站房场地狭小。在工程施工中采用钢结构一次到顶、从中部开始、平行向两端推进的施工方案，实现了桁架结构与土建结构的穿插与流水施工，最大限度地保证了总体工期。

3. 南京南站整个网架结构面积约为94032.8m^2，钢结构重量8000多吨。通过理论分析与数值模拟、试验与现场检测相结合等方法，创新性的采用特大型钢屋盖不同步容差滑移施工技术，减少调整次数，一次性顶推滑移距离达35m，提高了效率，缩短了工期，在特大型钢屋盖滑移施工技术方面达到国际领先水平。

4. 研发设计了网架落架时的水平力释放调节器，解决了216m宽多支点网架因温度变化和落架时自重下挠产生的水平分力问题。

5. 10kV柴油发电机组作为备用电源在站房10kV配电所两路主供电源均发生故障的情况下，能够在30s内快速启动10kV柴油发电机组自动投入运行，确保对特别特重要的一级负荷和消防负荷进行供电，确保特大客运站房供电系统安全性。

三、获奖情况

1. 2011~2012年度铁道部优秀设计一等奖；
2. 2011~2012年度铁道部优质工程一等奖；

南京南站正立面

3. 2011年度江苏省建筑钢结构混凝土协会江苏省钢结构优质工程奖；
4. 2012年度南京市建筑业协会南京市建筑工程"金陵杯"奖；
5. 2012年度南京市建筑业协会南京市优质结构工程。

南京南站夜景

南京南站俯瞰

南京南站清水混凝土样板柱

南京南站清水混凝土梁柱节点

南京南站清水混凝土梁柱节点

南京南站候车大厅

南京南站换乘通廊

南京南站斗栱柱

南京南站候车站台

南京南站一角

南京南站贵宾室

深圳湾体育中心

（推荐单位：广东省土木建筑学会）

一、工程概况

该工程是第26届世界大学生夏季运动会开幕式场馆，位于深圳市深圳湾滨海休闲带中段，毗邻深圳湾，与香港隔海相望，为深圳市标志性建筑。该工程用地约30.77hm²，总建筑面积33.53万m²，建筑高度52m，包括"一场两馆"（体育场、体育馆、游泳馆）、体育主题公园及商业运营设施等。其中体育场容纳2万人，体育馆容纳1.3万人，游泳馆容纳2000人。地下1层（局部2层），地上5层。建筑外表将体育场、体育馆、游泳馆置于一个白色的巨型网格状钢结构屋面之下，形似"春茧"俯卧深圳湾畔。

工程原貌场地为填海区，地基采用堆载挤淤、插板排水固结处理及强夯、深层水泥土搅拌桩处理，基础为PHC预应力管桩承台基础，主体采用框架-剪力墙结构、钢结构。体育场、体育馆及游泳馆屋盖为一整体，采用单层网壳、双层网架屋盖及树形、V形柱等钢结构支撑体系，总用钢量约2.5万t。直径20.4m树形支撑是世界上最大的铁树。大跨度空间变曲面弯扭斜交网格结构屋盖分495个不规则单元分片吊装，最大单片投影面积为580m²，最重为82t。现场大量Q460GJD箱型弯扭构件采用高空焊接。跨度108m的钢桁架"展望桥"，形成"海之门"的独特景观。

工程于2009年6月15日开工建设，2011年4月29日竣工，总投资22.6亿元。

二、科技创新与新技术应用

1. 创造性地提出"一场两馆连体布局的体育综合体"概念，国内外首次以钢结构的空间巨型网壳构成一个整体，将"一场两馆"覆盖在一个动态的一体化空间下，同时内部空间融会贯通，为后期使用提供了极大的便利，并且有效地提高了土地的使用效率。

2. 通过将体育馆、游泳馆、热身馆紧凑布置，减少外围护面积10800m²，立面能耗损失减小了约21%。钢结构网壳可阻挡37.5%的太阳辐射进入室内。

3. 游泳馆、体育馆共用观众厅，顶部结合屋面孔洞造型，设置了屋面自然采光系统。提供了合理的自然采光量和丰富的室内光影效果。

4. 网架外层用地埋灯贴近根部投射、网架内层设置了上下出光的壁灯，在提供人行照度的同时，表现了外部的流线感和内部的剪影效果，简约、低碳的灯光设计获得2013年美国照明工程学会国际区域奖。

5. 主体结构采用了高性能混凝土膨胀加强带替代体育场高区看台后浇带，并根据功能分区合并了底板部分后浇带，实现了超长钢筋混凝土的无缝施工。

6. 首次提出了考虑扭转和翘曲影响的弯扭构件强度设计方法；创造性地提出了弯扭构件的一种可编程图纸表达方法："节点坐标"+"截面方向向量"。

7. 钢结构屋盖打破了规定的先合龙，再整体卸载的思路，采用在合龙之前对部分区域提前卸载，待达到合龙条件时进行合龙，再卸载合龙带的顺序，使得工期能够更灵活的掌控。

深圳湾体育中心(山、海、天融为一体)

8. 该工程综合应用虹吸雨水收集系统、LED高效节能灯具、中空LOW—E玻璃、中空彩釉玻璃、蒸压加气混凝土砌块、挤塑聚苯板等建筑节能材料与措施，降低了整体能耗。

三、获奖情况

1. 2013年度美国照明工程学会国际区域奖；
2. 2013年度广东省土木建筑学会第五届广东省土木工程詹天佑故乡杯奖；
3. 2011年度中国建筑金属结构协会中国钢结构金奖；
4. 2013年度广东省建筑业协会广东省建设工程金匠奖；
5. 2013年度广东省建筑业协会广东省建设工程优质奖。

开门迎客的"海之门"

与香港隔海相对的深圳湾体育中心

华灯璀璨的深圳湾体育中心

美轮美奂的大树支撑

合肥京东方第六代薄膜晶体管液晶显示器件厂房项目

（推荐单位：中国建筑工程总公司）

一、工程概况

该工程位于安徽省合肥市瑶海区，是当时国内投资最高、规模最大、系统最复杂的高科技制造工厂。是中国第一条自主设计，自主建设的高次代线TFT-LCD洁净厂房。该工程占地面积约40.7万m^2，建筑面积约40.6万m^2。工程结构为框架结构，基础为桩筏基础。

该工程洁净厂房有Array、Cell、Module三个主要厂房，最高洁净等级达到0.3um级别10级。洁净形式分为层流式与乱流式。采用MAU+FFU+DCC的洁净实现形式。污水处理由WWT单体实现，处理施工过程中的酸、碱与有机废水，达到排放标准后排入市政管道。屋面采用VOC+Scrubber处理有机与酸碱废气。整个厂房不仅工艺标准达到当时国内最先进水平，相关配套与工艺流程也囊括了前端与后端线，是包括原材玻璃处理、化学与光蚀刻、集成电路、驱动芯片、配套仓库、废水处理等工艺在内以及常驻5000人工厂管理的综合性厂房。

工程于2009年4月13日开工建设，2010年6月7日竣工，总投资165亿元。

二、科技创新与新技术应用

1. 成盒及彩膜厂房为国内首个采用混凝土结构的双层工艺布置的FAB洁净室。

2. 在TFT-LCD行业内，ARRAY厂房首次采用大开间、大跨度双向连续钢屋架结构体系，吊挂荷载大，节点空间形式复杂，安装难度较高。

3. 国内首个将阵列，彩膜，成盒，背光源及模组所有工序集成在一个工厂的TFT-LCD制造厂。

4. 产品设计制造方面采用了4Mask技术、边缘场开关（FFS）广视角技术、液晶滴注（ODF）技术、喷墨打印技术等多项业内最先进的工艺技术，不但降低了运营成本而且实现了低消耗、低排放、绿色环保目标。

5. 首次进行工艺叠层布置厂房的防微振设计（成盒及彩膜厂房）。

三、获奖情况

1. 2011~2012年度国家工程建设质量奖审定委员会国家优质工程银质奖；
2. 2011年度安徽省建筑业协会安徽省建设工程"黄山杯"奖；
3. 2009年度中国建筑金属结构协会中国钢结构金奖。

工程全景

合肥京东方第六代薄膜晶体管液晶显示器件厂房项目

合肥京东方第六代薄膜晶体管液晶显示器件厂房项目

Array厂房正立面

合肥京东方第六代薄膜晶体管液晶显示器件厂房项目

Cell厂房正立面

厂区内景

成都双流国际机场T2航站楼

（推荐单位：中国建筑工程总公司）

一、工程概况

该工程是国家实施西部大开发的战略性工程，也是国家"十一五规划"的西南地区最重要的综合性交通枢纽工程，位于四川省成都市中心西南16.8km双流县境内。

工程自投入使用以来，完全满足航站楼运营、管理、维护的要求，满足旅客出行的便捷、舒适要求，满足城市景观要求，受到了各方面的好评，已成为新时期新发展趋势下机场航站楼建设的示范性工程，成都市乃至四川省的一个重要标志性建筑，同时已成为成都市一个新的交通中心、景观中心和城市新区发展的核心。

工程设计采用指廊集中式布局，由中央处理大厅通过连廊统领四个指廊。主楼西侧从北到南分别为D、E、F指廊，主楼南端东侧为G指廊，在现有C指廊和新建的D指廊之间设计有专用的CD连廊进行连接。工程基础形式为钢筋混凝土柱下独立基础和筏板基础，结构形式为现浇有粘结预应力混凝土框架结构，屋面为钢结构跨度125.2m。出发和到达采用两层式布局，8.4m标高为出发层，4.5m标高为到达层。工程总宽1127m，总进深440.5m。主楼宽496m，深112.1m，指廊宽38m，D、E、F端头56m，长度：D、E、F指廊191.8m，G指廊210.7m。工程占地面积13.51万m²，总建筑面积32.9万m²。

工程于2009年11月1日开工建设，2012年5月24日竣工，总投资13.6亿元。

二、科技创新与新技术应用

1. 工程由世界著名航站楼设计大师威廉·尼古拉斯·布德瓦和兰德隆&布朗联合设计。采用指廊集中式布局，外形采用西南地区具有高洁坚韧美誉的"竹"作为造型母题，运用先进的结构形式，将形式与功能、建筑与自然有机结合，体现出鲜明的地域特色和深厚的文化基础。

2. 积极开展了超大型综合交通枢纽无缝换乘对接体系、超大跨度结构无缝设计结构分析、超大超重超大跨度钢结构整体滑移施工技术、三向相交预应力施工技术、超长预应力结构"设计型混凝土"的研制及施工控制技术等一系列前沿技术研究和攻关，并形成了重要科技成果。

3. 施工总结了超大型预埋件制作工艺、薄壁圆管制作工艺、多管相贯节点制作工艺等制作工艺，取得了良好的技术成果。

4. 屋面超重超大跨度钢结构施工应用了大型滑移胎架施工技术、桁架散件与片状结合安装技术、大跨度弧形钢结构变形控制和监测技术等创新技术，实现了结构形式复杂、造型独特的大跨度空间弧形钢结构的安全快速安装。

全景

5. 首次提出并实现了对超大型航站楼工程集成型建筑节能技术、渗透风控制技术、自然通风应用、通风空调节能控制、空调热回收、机房声学和变配电等技术研究及应用，确定了超大型航站楼节能环保、环境控制、消防安全、供电系统等的主要技术原则，体现了节能、节水、保护环境、可持续发展的设计理念。

三、获奖情况

1. 2013年度四川省勘察设计协会工程勘察设计优秀奖;

2. 2011年度四川省住房和城乡建设厅四川省结构优质工程;

3. 2012年度四川省住房和城乡建设厅四川省建设工程"天府杯"金奖。

出发层大厅

屋面钢结构大拱

成都双流国际机场T2航站楼

大厅出发层外立面

梭形圆管柱

063

金融街·重庆金融中心

(推荐单位：重庆市土木建筑学会)

一、工程概况

该工程位于我国内陆唯一的国家级开发开放新区——重庆两江新区的江北嘴中央商务区，紧邻黄花园大桥，面向嘉陵江，总建筑面积约23万m²，由四栋塔楼组成，总体高度在102～154m之间，为典型的滨江坡地超高层建筑。工程设计外形新颖、布局合理，满足高端商务办公楼和商业使用需要；同时采用多种先进的建筑技术，结构安全可靠，科技含量高，节能环保特色明显；其建筑外观晶莹剔透，各系统运行安全可靠，各项功能十分完善、使用正常；是科技创新型、绿色节能型、经济适用型高品质综合体。

工程于2009年8月1日开工建设，2011年6月30日竣工，总投资5.7亿元。

二、科技创新与新技术应用

1. 艺术性地实现了建筑与环境和谐共生的创新设计，体现了山地城市坡地建筑的风貌特色，为类似滨江坡地超高层建筑综合体设计起到了很好的示范作用。

2. 为了达到更大的有效使用面积，通过对超高层建筑塔楼标准层使用率的技术研究，使标准层有效使用率达81%，实现了节地、节材，以较大的优势领先于国内外同类建筑，创造了显著的经济和社会效益。

3. 开创性地采用了江水源区域集中供冷供热技术，综合应用各种节能减排措施，为推动国家节能减排事业的发展起到了引领示范作用。

4. 率先综合应用BIM技术对电梯井道、候梯厅设置、管井选型、卫生间布局、走廊布置等方面进行精确排布和综合优化。

5. 创新性地提出了大坡度坡地建筑分层设置车道及人防出入口技术，解决了42m大高差地块出入口设置困难的难题，为同类建筑出入口的设置提供了示范与借鉴。

6. 创新性地研究出超高外爬架施工技术，解决了层高超高、爬升高度超高、架体超高等技术难题，对完善超高层外爬架施工技术及国家行业标准规范的修订具有十分重要的作用。

7. 首次提出坡地建筑施工关键技术，有针对性地解决了坡地施工的难题，对坡地施工具有重要的指导作用。

8. 通过轨道式幕墙吊装等多项创新技术的综合应用，提高了工程的品质和安全性能及施工效率，有效地降低了能源消耗。

三、获奖情况

1. 2011～2012年度中国房地产协会、住房城乡建设部住宅产业化促进中心"广厦奖"；

2. 2011年度重庆市建筑业协会重庆市"巴渝杯"优质工程奖；

3. 2010年度重庆市建设工程质量协会重庆市"三峡杯"优质结构工程奖。

金融中心南侧立面近景

金融中心西南侧立面

金融中心南侧立面

金融中心临江全景

海南国际会展中心

(推荐单位：中国建筑工程总公司)

一、工程概况

该工程是海南省、海口市2008年重点建设项目，是大型展览与大型重要会议场所，位于海口市西海岸，分为展览中心和会议中心，为以会议和展览活动为主、兼顾与会议、展览有关的其他展示、演示、表演、宴会以及市民或旅游者日常休闲、旅游、参观、体育等商业活动功能的大型综合会展中心，总建筑面积13.6万m^2。

会议中心为多层建筑，建筑面积4.2万m^2。屋盖采用钢桁架、钢网架和混凝土结构组成，屋面为外曲内折的钢筋混凝土结构，由多个规则不一的正反锅底及曲形海浪状的无规则弧形混凝土梁板组成，檐口高度27.7m，结构梁最大跨度达27.3m，屋顶起伏高差最大达15m，最陡峭处结构坡度达70°。

展览中心为单层建筑，建筑面积7.8万m^2。屋盖由钢网壳、网架、梯形桁架结构组成，檐口高度15.6m，总用钢量约为1.4万t。其中在展厅中部，采用由22m×22m跨度的正向和反向的单层钢管网壳组成的双向空间钢架；在展厅周边，采用曲面的三层网架，柱网间距22m×22m，柱子采用钢管混凝土柱。

桩基础为PHC管桩，地下车库及设备机房为框架剪力墙结构，建筑面积1.6万m^2；屋面设置智能采光通风天窗，面层为现浇GRC；外围采用单元式Low-E中空玻璃幕墙和石材幕墙；机电工程设有给水排水、电气、通风空调、电梯、智能建筑五大部分。

工程于2009年11月20日开工建设，2011年6月14日竣工，总投资9.8亿元。

二、科技创新与新技术应用

1. 屋盖体系创新设计：屋盖由单层双曲面波浪形钢网壳、三层双曲面波浪形网架、梯形桁架和波浪形混凝土屋盖组成。面层采用现浇GRC饰面，屋顶设置智能采光通风天窗，绿色节能，造型新颖独特、受力性能好、占用空间小、用钢量省，为国内首次采用。

2. 波浪形现浇混凝土屋盖施工技术：会议中心屋盖利用BIM技术建立三维方格网，按照"以折代曲"的原则支设模板，坡度大于35°时支设双面模板；混凝土坍落度为120±20mm，按照间距2m布置下料振捣孔、钢丝网。最大跨度27.3m、最大坡度70°、最大高差15m，为国内之最。

3. 圆形钢管柱泵送顶升混凝土施工技术：通过优化配合比、研制专用接头，高效、低成本完成了196根圆钢管柱混凝土泵送顶升施工。

4. 波浪形屋面现浇GRC饰面施工技术：采用现浇GRC施工工艺，实现了与基层紧密贴合，提高了屋盖在滨海盐雾条件下的防腐

海南国际会展中心全景

蚀能力，波浪形饰面成型后美观流畅，施工总面积10万m^2，为国内之最。

5. 异型穿孔铝板装饰施工技术：异形铝板吊顶面积1万m^2，吊顶随网架下弦起伏变化呈波浪状，最高处16m，最低处12m，形状各异，通过应用BIM技术解决了吊顶空间定位、放样、制作和安装难题。

三、获奖情况

1. 2012年度海南省建筑业协会海南省建设工程"绿岛杯"奖；

2. 2011年度海南省建设工程质量安全检测协会海南省建筑施工优质结构工程；

3. 2010年度中国建筑金属结构协会中国钢结构金奖。

南面街景

东侧立面近景

西侧立面远景

西侧立面近景

海南国际会展中心

广州国际体育演艺中心（NBA多功能篮球馆）

（推荐单位：广东省土木建筑学会）

全景

一、工程概况

广州国际体育演艺中心（NBA多功能篮球馆）位于广州经济开发区新区，建筑设计灵感源自广州美丽的"五羊传说"。工程总建筑面积12.137万m^2，设有18000个座位，地下1层、地上4层，建筑高度34.5m。停车楼地下2层、地上3层，建筑高度13.7m。建筑耐火等级：地下和停车楼一级；体育馆地上为二级。

建筑设计使用年限为100年；抗震设防烈度为7度。基坑支护形式为预应力管桩加预应力锚索支护；该工程基础为桩基础，基础桩采用C80预应力混凝土管桩；防水等级：地下为一级，采用刚性防水混凝土与柔性防水卷材、防水涂料相结合的方式；屋面防水等级：体育馆一级、停车楼二级，采用卷材防水。承台及底板混凝土强度等级为C40/p8；主体结构为框架剪力墙结构，混凝土强度等级为C50、C40/p8、C30等。

屋面主结构为钢桁架体系，主桁架最大跨度106m，最大高度为13m。桁架下弦部分呈水平，上弦呈弧线形，桁架上弦杆顶标高为34.5m，下弦杆底标高为21.3m。最大跨度桁架ZHJ3长约107m，单榀桁架重260t。

工程于2008年10月20日开工建设，2010年9月30日竣工，总投资9.2亿元。

二、科技创新与新技术应用

1. 通过改善建筑围护结构的保温和隔热性能，提高供暖、空调、通风设备及其系统的能效，充分利用自然通风、余热回收等措施，综合节能率可达到60%左右。

2. 总重6000t、跨度达147m的钢构屋盖，刷新了国内同类工程纪录。

3. 通过技术创新、优化方案，采用多种支护形式，解决了地质情况复杂的深基坑支护问题。

4. 采用高效外加剂，提高混凝土的密实性；采用聚丙烯纤维，优化合理的配合比；科学的安排施工顺序和施工部署，提高混凝土的抗裂性能，解决超长混凝土结构裂缝问题。

5. 幕墙施工创新技术：采用创新的技术集成为带台阶变化多层结构双曲面金属板幕墙施工技术，达到国内技术领先水平。

6. 采用绿色施工技术，现场收集雨水、回收清洗车辆用水，用于现场降尘；对建筑垃圾进行分类处理。施工过程绿色环保，未对周边造成任何污染和环境破坏。

7. 工程技术含量高、施工难度大，在施工中大力推广应用了建设部颁发的建筑业10项新技术中的9大项18小项。施工中，创新了多项施工工艺，创新科技达到了国内领先水平。

三、获奖情况

1. 2011年度中国勘察设计协会全国优秀工程勘察设计行业奖"建筑工程"二等奖；

 2. 2011年度广东省工程勘察设计行业协会广东省优秀工程设计一等奖；

 3. 2011年度广东省建筑业协会广东省建设工程金匠奖；

 4. 2011年度广州市建筑业联合会广州地区建设工程质量年度"五羊杯"奖。

第十二届中国土木工程詹天佑奖获奖工程集锦

全景

主场馆

广州国际体育演艺中心
（NBA多功能篮球馆）

夜景

好韵吧

南京大胜关长江大桥

(推荐单位：中国铁路总公司建设管理部)

一、工程概况

南京大胜关长江大桥全长9.273km，位于京沪高速铁路K997+783.215～K1007+056.452处。其中：长江水域主桥（1.615km）、南合建区引桥（0.856km）和北合建区引桥（1.202km）计3.674km，为京沪高速、沪汉蓉铁路、南京地铁桥梁；北岸引桥5.599km为京沪高速双线铁路。

主桥采用双主拱三主桁拱桁组合结构，具有"体量大、跨度大、荷载重、速度高"的显著特点，主桥孔跨布置为（108+192+336+336+192+108）m，钢桁梁采用三片主桁，主桁间距为15m，四线铁路位于主桁内，南京地铁布置在两侧主桁外挑臂上，钢桁梁及钢桁拱两端布置有伸缩位移量±500mm的轨道伸缩调节器及梁端伸缩装置。主跨拱高84m，钢桁拱矢跨比1/4，拱顶桁高12m，拱趾到拱顶高约96m；杆件最大轴力为103,000kN，最大板厚68mm，杆件最大重量116t。主桥6号、7号、8号主墩基础采用46根直径2.8m的钻孔桩，最大桩长112m。承台平面尺寸34m×76m，厚度6m，墩身为12×40m圆端形空心墩，单箱双室截面，6号、8号主墩墩顶布置承载力为140MN、7号主墩墩顶布置承载力为180MN的球形钢支座。

大桥设计速度为京沪高速铁路300km/h、沪汉蓉铁路250km/h、地铁80km/h；通航净高24m，通航净宽单孔单向280m。

工程于2006年7月24日开工建设，2011年6月30日竣工通车，2013年2月25日通过国家验收，总投资64.17亿元。

二、科技创新与新技术应用

1. 主桥采用双主拱三主桁拱桁组合结构，为世界上首次采用，具有"体量大、跨度大、荷载重、速度高"的工程特点，合理地解决了多线、大跨度铁路桥梁主桁杆件规模过大及横向构件受力难题，满足了高速铁路运营对桥梁竖向刚度的要求，形成了多片桁架结构式主梁技术体系。

2. 研发应用的Q420qE新钢种具有强度高、韧性好的优点，适应于大跨度高速铁路桥梁，为今后修建更大跨度和荷载的高速铁路桥梁提供了强有力的技术支持，也使我国高强度结构用钢的发展达到了国际先进水平。

3. 研发并应用了钢正交异性板道砟整体桥面结构，其整体性好、受力性能优良，承载能力大，首次应用于大跨度高速铁路桥梁，引领了我国高速铁路钢桁梁整体桥面建造技术。

4. 研发应用的承载力180MN球型钢支座为大跨度高速铁路桥梁运营的安全性和舒适性提供了有力保障。

5. 创新的"双壁钢围堰整体浮运、精确定位技术"解决了钢

南京大胜关长江大桥全景（一）

围堰在水文变化频繁的潮汐河流中悬浮状态精确定位难题；创新的"多重拉索调整双主拱安装合龙技术"实现了钢桁拱桥架设合龙技术的重大突破；"八边形截面吊杆和新型液体质量双调谐减振器"创新技术解决了长吊杆起振风速低、常规减振器减振效果及耐久性差的技术难题。

6. 研制的KTY4000型动力头钻机、400t全回转浮吊、70t变坡爬行吊机及三索面三层吊索塔架提升了我国建桥装备技术水平，保证了项

目优质、安全和高效建成,对我国高速铁路桥梁建造技术的进步起到了极大促进作用。

三、获奖情况

1. "大跨度铁路桥梁钢成套技术开发及应用"获得2011年度国家科学技术进步二等奖;
2. 2012年度国际桥梁协会乔治·理查德森大奖;
3. "京沪高速铁路南京大胜关长江大桥主墩深水基础施工技术"获得2010年度湖北省科技进步二等奖;
4. 2011~2012年度铁道部优秀设计特等奖;
5. 2012~2013年度中国建筑业协会中国建设工程鲁班奖。

南京大胜关长江大桥全景(二)

8号主墩施工现场

墩顶节间钢梁拼装

南京大胜关长江大桥

桥梁主跨即将合龙

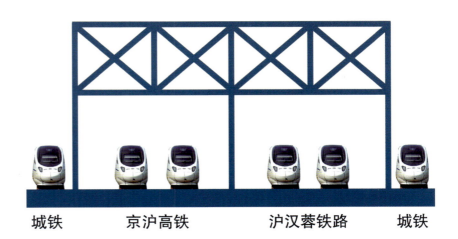

桥梁承载六线示意图

079

沪蓉西高速公路支井河特大桥

（推荐单位：中国铁建股份有限公司）

沪蓉西高速公路支井河特大桥航拍图

一、工程概况

大桥全长545.54m，桥面宽度24.5m。主桥采用一孔430m上承式钢管混凝土拱桥跨越高差300m的V型峡谷，两侧均为陡峻的悬崖峭壁，两岸桥头与隧道紧密相连。引桥为简支梁桥；桥跨布置为1×36m（引桥）+1×19.1m+19×21.4m+1×19.1m（主桥）+2×27.3m（引桥）。设计车速80km/h；荷载等级：汽车－超20级，挂车－120级；设计洪水频率1/300。桥台身为钢筋混凝土结构；两侧拱座基底为台阶式的整体钢筋混凝土结构；两侧桥台为整体钢筋混凝土结构；过渡墩基础为截面2.5m×1.88m、深12m矩形挖孔桩。

主拱桥拱轴线采用悬链线，计算跨径430m，计算矢高78.18m，矢跨比1/5.5，拱轴系数1.756。拱肋采用钢管混凝土主弦管和箱形钢腹杆组成的空间桁架结构，上下游两道拱肋平行布置，截面高度从拱顶6.5m变化到拱脚13m，拱肋宽度为4m，两肋间距13m，以20道"米"字横撑相连。主拱圈钢管外径1200mm，管壁厚度：拱脚下弦1/8跨为35mm，1/4跨为30mm，其余下弦及上弦均为24mm，钢管内填充C50混凝土。主桥拱上立柱为1400mm×1000mm和1800mm×1000mm的钢箱（内壁加劲）与钢箱横联组成的格构体系，高度为3.153~71.866m，拱上盖梁亦为整体钢箱结构。

工程于2004年8月20日开工建设，2009年9月22日竣工，总投资1.23亿元。

二、科技创新与新技术应用

1. 跨径756m，额定起重量300t无塔缆索起重机的成功设计与应用，克服了无水运条件、无整节段陆运条件、无法采用传统工艺钢管拱肋安装用风缆和无法安装缆索起重机等复杂山区条件下，修建大跨度桥梁的施工难题，开创国内外先例。

2. 首次开发混凝土垂直运输系统，完成超缓凝高强混凝土自桥面向下高达90m的垂直输送；根据对称与均衡加载的原则，主弦管内混凝土采用两岸对称二次接力连续泵送灌注。实现了混凝土的短间隔连续泵送顶升，为复杂山区条件下混凝土输送提供了新的解决办法。

3. 采用"先栓后焊、栓焊结合"的连接方式在国内首次解决大跨度钢管拱肋运输和拼装的难题，使受力更加合理。

4. 首创WJLQ3000kN型无塔缆索起重机钢绞线斜拉扣挂法，无缆风双肋整体起吊、对称悬拼安装，通过动态监控实现了轴线纠偏，确保了大桥快速、安全、高精度合龙。

5. 大桥成功修建标志着我国钢管拱桥施工技术水平获得了进一步提高，对推动我国山区复杂条件下大跨度桥梁施工产生重要作用及深远的影响。

三、获奖情况

1. "复杂地形地质条件下山区高速公路建设成套技术"获得2011年度国家科学技术进步二等奖；

2. "峡谷条件下430m跨度上承式钢管混凝土拱桥综合施工技术"获得2010年度吉林省科学技术一等奖；

3. 2010年度中国铁道工程建设协会火车头优质工程奖；

4. 2010~2011年度中国建筑业协会中国建设工程鲁班奖。

沪蓉西高速公路支井河特大桥

沪蓉西高速公路支井河特大桥右侧面图

拱肋

沪蓉西高速公路支井河特大桥近景

沪蓉西高速公路支井河特大桥

沪蓉西高速公路支井河特大桥远景

拱上立柱

箱梁纵移

钢拱肋合龙

沪蓉西高速公路支井河特大桥全景（一）

沪蓉西高速公路支井河特大桥

高墩

钢拱肋拼接

钢拱肋吊装

沪蓉西高速公路支井河特大桥全景（二）

085

柳州双拥大桥

(推荐单位：中国中铁股份有限公司)

一、工程概况

大桥全长1498m，其中主桥长510m，引桥（现浇箱梁）长988m，主桥孔跨布置为(40+430+40)m单主缆单索面悬索桥，全宽38m，基础均为钻孔桩承台基础。公路为双向六车道，设计荷载为公路Ⅰ级；桥下航道等级为Ⅲ级。

大桥为单主缆斜吊杆地锚式悬索桥，该桥型为国内首例，主跨510m为世界同类型桥梁最大；主塔设计为A字形三维变截面钢箱结构，高104.811m，造型美观，力系传递分配巧妙，沿高度方向划分为13个节段，节段最大重量160t；锚碇深基坑采用"排桩+逆作拱墙"支护结构，巧妙实用；主桥采用单箱双室（单纵隔板）扁平流线型钢箱梁，共分53个吊装节段，最大节段重量196t；主缆采用预制平行钢丝索股（PPWS），主缆索股有91股，每根索股由127根丝组成。

工程于2009年5月15日开工建设，2011年12月12日竣工，总投资7.83亿元。

二、科技创新与新技术应用

1. 在塔、缆、锚碇等部位突破传统设计理念。通过科研解决了单主缆不能提供抗扭刚度、A形塔塔顶巨大荷载集中传递、短距离无下俯角主缆散开等技术难题，提出了A形塔单主缆悬索桥设计施工理论。

2. 通过科研，施工时在锚碇深基坑围护、A形塔吊装、510m柔性钢箱梁单点连续顶推与定位、施工线形与监测等方面，形成了"大跨度单主缆单索面宽幅悬索桥施工关键技术"，填补了我国此类桥梁设计与施工技术空白。

3. 溶蚀透水复杂地质条件地区采用板桩支护、注浆帷幕和锚喷联合支护技术，施工直径57m、深度22m大型基坑，解决了临江溶蚀透水地层大直径锚碇超深基坑的稳定和防水难题。

4. 取得了利用空间变截面支架进行钢主塔下承压板高精度安装定位；复杂地质条件下采用锁口钢管桩、钻孔灌注桩及旋喷桩组成联合围堰等施工技术。

5. 项目获得授权国家专利13项。同时完成了"A形变截面钢主塔空间支架安装方法"、"单滑道柔性高墩多点连续顶推技术"、"溶蚀透水地层大直径锚碇深基坑及复杂地质条件下联合围堰的综合技术"等多项科研项目。

三、获奖情况

1. "大跨度单主缆宽幅悬索桥施工技术研究"获得2013年度中国公路学会科技进步二等奖；

2. 2012年度中国建筑业协会中国建设工程鲁班奖。

柳州市双拥大桥全景（一）

柳州双拥大桥

柳州市双拥大桥吊索安装

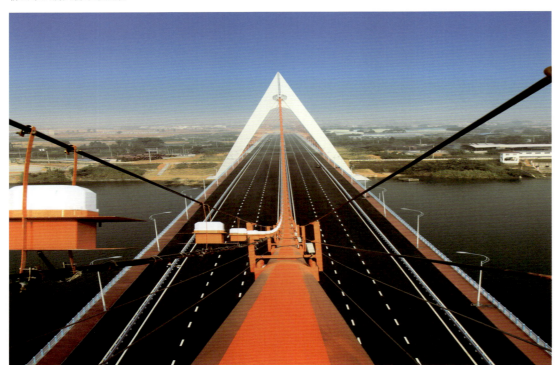
柳州市双拥大桥单根主缆

柳州市双拥大桥锚碇深基坑内锚碇施工

柳州市双拥大桥全景（二）

柳州双拥大桥

柳州市双拥大桥夜景

柳州市双拥大桥钢箱梁顶推施工

柳州市双拥大桥A形三维变截面钢箱主塔施工

京沪高速铁路

(推荐单位：中国铁路总公司建设管理部)

一、工程概况

京沪高速铁路起自北京南站，途经北京、天津市，河北、山东、安徽、江苏省及上海市，终到上海虹桥站，全长1,318km。全线共设24个车站，其中正线车站23个，依次为：北京南、廊坊、天津南、沧州西、德州东、济南西、泰安、曲阜东、滕州东、枣庄、徐州东、宿州东、蚌埠南、定远、滁州、南京南、镇江南、丹阳北、常州北、无锡东、苏州北、昆山南及上海虹桥站。工程设计速度350km/h，初期运营速度300km/h；本线列车和跨线列车共线运行模式；线路最小曲线半径7,000m（困难地段5,500m）；最大坡度20‰；到发线有效长度650m；电力牵引、行车自动控制、调度集中；规划输送能力单向8,000万人次/年。

全线正线桥梁1,060km，隧道16km，路基242km。包括引入既有线的联络线等工程在内，主要实物工程量为：路基土石方5,669万m³，桥梁1,168.8km，隧道17.9km，无砟轨道正线1,298.6km。牵引变电所27座。全线新建CTCS-3级列控系统、GSM-R无线通信系统、防灾安全系统和客服系统。站房114.1万m²。征地66,190亩。

工程于2008年1月16日开工建设，2011年6月30日竣工通车，2013年2月25日通过国家验收，总投资1,958.88亿元。

二、科技创新与新技术应用

1. 京沪高速铁路是国家战略性重大交通工程，线路长、标准高、技术复杂、工程量大。工程建设中，创新设计理念、建设技术和管理体制，形成我国高速铁路建设的创新模式，完善了我国高速铁路建设标准体系，积累了建设高速铁路的宝贵经验，是国家重大创新工程。

2. 在原铁道部组织下，集成国内科研资源，开展国际交流，着力推进原始创新、集成创新和引进消化吸收再创新等方式，在高速铁路固定设施、移动装备、控车系统、运营维护等方面较好地实现了系统集成，在深厚软土基础沉降控制、深水大跨桥梁建造、长大桥梁无砟轨道无缝线路设计、客运综合交通枢纽、高速接触网、运行控制等方面，取得了重大研究、设计和应用成果。全面掌握了工程建造技术，提升了成套施工装备和施工工艺水平。

3. 在枣庄至蚌埠南时速380km及以上的综合试验段，对高速铁路固定设施、移动装备进行全面的试验测试，取得了一大批创新性成果，16辆编组动车组最高试验速度达到486km/h。

4. 工程建设中，坚持百年大计、质量第一。认真落实工程质量创优规划，坚持试验先行、样板引路，源头把关、过程控制，标准化和精细化管理，确保了工程建造质量。

5. 环保、水保、节能措施与主体工程"同时设计、同时施工、同时投产"。通过优化方案、环境监测，强化了施工环保措施。车站采取了节能措施，设置了排污设备。噪声和电磁防护措施得到落实。通过优化设计和工程措施，节约了大量土地资源。

6. 工程建成三年多来，全线固定设施状态良好，各项移动设施和控车系统运转正常，旅客服务系统便捷高效，养护维修体系逐步建成，运营安全稳定，实现了建设目标。

三、获奖情况

1. "京沪高速铁路重大技术经济问题前期研究"获得1995年度国

淮河特大桥

家科技进步一等奖(突出贡献奖);

2."高速铁路浅埋小净距大跨度隧道群关键技术"获得2012年度安徽省科技进步二等奖;

3."超大型交通枢纽混凝土工程技术创新与实践"、"上海虹桥综合交通枢纽施工成套关键技术"分别获得2011年度和2013年度上海市科技进步二等奖;

4."京沪高速铁路站前工程设计暂行规定"获得2008年度天津市科技进步二等奖;

5. 2011～2012年度铁道部铁路优质工程"勘察设计"奖(优质工程一等奖、优秀工程勘察一等奖、优秀工程设计特等奖);

6."京沪高速铁路JHTJ-4标段潍河特大桥工程"获得2012年度山东省建筑业协会建筑工程质量"泰山杯"奖;

7."京沪高速铁路上海虹桥站主站房工程"获得2010年度上海市建筑施工行业协会上海市建设工程"白玉兰"奖;

8. 2011年度中国建筑金属结构协会中国钢结构金奖。

京沪高速铁路路基工程

调度指挥中心

区间接触网

京沪高速铁路

上海虹桥站

南京南站

徐州东站

济南西站

第十二届中国土木工程詹天佑奖获奖工程集锦

济南黄河特大桥全景

丹昆特大桥——跨阳澄湖段

淮河特大桥

南京秦淮新河桥群

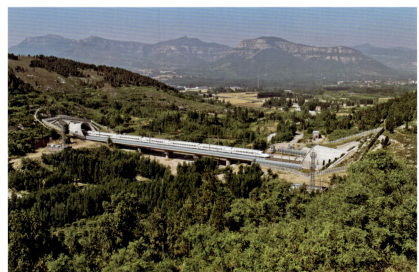

西渴马1号、2号隧道

秦岭终南山公路隧道

(推荐单位：交通运输部)

一、工程概况

秦岭终南山公路隧道是国家高速公路网包（头）茂（名）线的控制性工程。该隧道单洞长18,020m，其单洞长度位居山岭高速公路隧道亚洲第一，双洞四车道的建设规模位居世界第一，穿越牛背梁国家自然保护区。该隧道具有建设规模大、环保要求高、无借鉴经验等特点。

隧道计算行车速度80km/h，建筑限界净高5m，净宽10.50m，其中行车道宽2×3.75m；在行车道两侧设0.50m的路缘带及0.25m的余宽；考虑检修通行的需要，在隧道内两侧设宽度为0.75m的检修道，高于路面0.40m。隧道设置车行横通道26处，人行横通道45处。隧道进口高程为896.9m，出口高程为1,025.4m，隧道纵坡呈"人"字行。主线隧道设置通风竖井3座（最大井深661m，最大内径11.5m）。全线配备完善的通信、监控、通风、照明、消防、供配电等机电设施。

工程于2002年3月开工建设，2012年11月竣工，总投资40.27亿元。

二、专业预审组推荐意见

（一）在设计理念方面

1. 选用18km隧道方案，将路线降低至雪线以下，极大地改善了路线线形和通车条件，保证全天候安全通行，大大减少了碳排放量；

2. 模拟洞外自然景观，在隧道内设置6处视觉景观带，缓解行车压抑感；

3. 首次确定符合我国现用车辆的一氧化碳（CO）、烟雾（VI）浓度基准排放量及其修正系数，提出相应的通风设计控制新指标；攻克了特长隧道复杂通风系统等多项关键技术难题，形成节能、高效的超大直径三竖井分段纵向通风成套技术。

（二）在施工技术方面

1. 科学组织施工，利用既有铁路隧道作为平行导洞，长隧短打，同时利用本隧道作为平行导洞修建了引水隧道；

2. 研发了正洞大断面隧道钻爆法快速工法，创造了月掘进记录；

3. 创新了竖井分瓣式机械一体化滑模衬砌等技术，创造了深竖井全断面开挖和滑模衬砌两项纪录。

（三）在运营管理方面

1. 建立了先进完善、安全可靠的智能监控和安全预警体系，实现全过程、全方位、无盲区实时监控和事件快速处置；

2. 构建了监控指挥中心、消防队、洞内摩托值守、医疗急救、危险品检查、守卫大队、隧道警察大队、路政管理为一体的联勤联动应急救援机制。

秦岭终南山公路隧道北口

三、获奖情况

1. "秦岭终南山公路隧道建设与运营管理关键技术"获得2010年度国家科技进步一等奖、2009年度中国公路学会科技进步特等奖；

2. "秦岭终南山深埋特长公路隧道2号竖井下洞群建造关键技术"获得2011年度陕西省科学技术一等奖；

3. "大直径石质通风竖井混凝土衬砌滑模施工技术研究"获得2011年度甘肃省科技进步三等奖;

4. "超大直径深竖井关键施工技术及装备"获得2011年度北京市科技进步三等奖;

5. 2008年度住房城乡建设部全国优秀工程勘察设计银奖;

6. 2008年度陕西省第十四次优秀工程设计一等奖;

7. 2010年度中国铁道工程建设协会火车头优质工程。

秦岭终南山公路隧道南口

隧道监控中心

秦岭终南山公路隧道内景

隧道内应急救援值勤点

亚洲首创的隧道特殊灯光带

竖井施工到620m时的场景

秦岭终南山公路隧道

竖井轴流风机

青岛胶州湾海底隧道

(推荐单位：青岛市土木建筑工程学会)

一、工程概况

工程全长9,850m，隧道7.8km，海域段4095m，为目前世界第三长和规模最大的、国内最长的海底公路隧道。两个主隧道加一个服务隧道；共设置17处人行和10处车行横洞，4座雨水和3座废水泵站，3座通风竖井；同步配套了先进的运营设施、6393m²管理中心和22车道收费站。共开挖土石方约253.8万m³；混凝土73.7万m³。

设计基准期100年；使用功能城市快速路；设计车速80km/h；双向六车道；海域段最小埋深25m；海域段左右主线隧道线间距为55m；主隧道与服务隧道净间距为15m；隧道注浆堵水后控制排水量主隧道不得大于0.4m³/d·m，建成运营后为0.2m³/d·m。初支C35高性能混凝土、防腐锚杆，二衬C50耐久性混凝土。最大断面开挖411.9m²，覆岩11.7m，岩跨比0.413。主隧道和匝道最小净间距0.2m。机械化配套快速施工最快掘进210m/月，平均月成洞120m。

工程于2007年8月22日开工建设，2011年6月30日竣工，总投资40.59亿元。

二、科技创新与新技术应用

1. 通过反复调研讨论将"穿越海域最大水深42m，最小岩石覆盖层25m"作为纵断面设计时的控制埋深，降低了隧道失稳和海水溃入的风险。

2. 开发了全程以超前探孔探水为主、物探为辅的综合超前地质预报技术，准确探明隧道前方地质情况，确保施工安全。

3. 复杂地质条件下海底隧道建设安全控制体系。

4. 陆域段海底隧道穿越复杂建筑群的综合施工技术。

5. 开发了一整套硬岩海底隧道信息化快速注浆加固堵水技术。通过对注浆方案、注浆材料、注浆工艺、注浆效果评判方法与标准、注浆设备配套的研究和开发，实现了高承压水作用下隧道快速高效注浆加固堵水。

6. 建立了海底隧道结构体系及结构分析理论，提出了相应的设计计算方法和参数，保证了结构受力合理、安全经济。

三、获奖情况

"复杂地质条件下海底隧道建设安全控制创新体系"获得2011年度青岛市科技进步一等奖。

蛟龙入海，穿越胶州湾

融入中国元素的青岛胶州湾隧道收费站全景

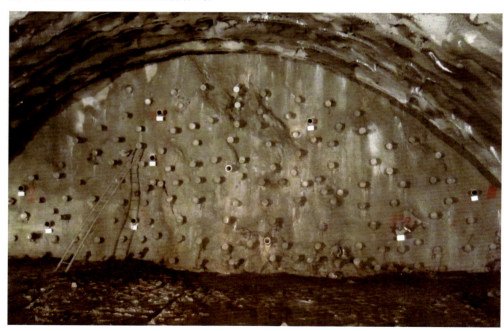

全断面帷幕注浆

高度集成、快速反应的青岛胶州湾隧道监控指挥中心

安全舒适的通行环境

超前探孔出水量、水压量测

青岛胶州湾隧道大断面施工图

超前帷幕注浆孔钻孔作业图

胶州湾隧道大断面内景

上海上中路隧道

(推荐单位：上海市土木工程学会)

一、工程概况

上海市上中路隧道工程是上海市中环线越江结点之一，连接浦西上中路和浦东华夏西路。线路起始里程K0+000.00，终止里程K2+800.00，线路总长2.8km，越江段为两条直径14.5m的圆隧道结构。主线段为双管双层双向八车道的水下公路交通隧道。

工程主体包括主线隧道结构(敞开段、暗埋段、工作井、盾构圆隧道)、接线道路工程、排水工程组成。附属工程包括：机电安装(通风、供电、消防、给排水、照明)、绿化、风塔风井、管理中心、通信监控、交通设施。

主要技术指标：道路等级：城市快速路；设计时速：主线为80km/h，匝道、辅线等为40km/h；车道宽3.75m，通行净高4.5m；抗震设防烈度7度；设计使用年限100年。

工程于2003年12月30日开工建设，2009年5月1日竣工，总投资12亿元。

二、科技创新与新技术应用

1. 优化了圆隧道段隧道内消防设计，利用上下层两个安全消防分区结构，相互作为逃生通道，每78m设一座上下疏散楼梯，提高了消防救援的能力和速度。节约了一座江底联络通道，既降低了施工阶段的工程风险，也解决了长大隧道联络通道永久运营阶段的管理风险，同时大大节省了工程投资。

2. 创新研制了新型抗剪型同步注浆砂浆材料与施工方法，建立了以抗剪切屈服强度和坍落度为控制指标的同步注浆新理念，并获国家级工法。

3. 首创了超大直径隧道双层道路同步施工方法，应用研制的移动式台模车有机地将盾构推进和内部道路现浇结构施工结合起来。

4. 首创超大直径泥水盾构不分散泥水体系和集成化泥水固控处理工艺，有效解决了超大直径泥水盾构开挖面稳定控制和泥水高效重复利用的技术难题。

5. 创新研发了超大直径隧道进出洞冰冻加固体分区域强制解冻结合注浆控制融沉的施工方法，显著减少了盾构进出洞加固土体后期的沉降，大幅降低了超大直径盾构隧道的进出洞风险。

6. 首创了狭小空间内超大直径盾构机整体原位调头技术。

三、获奖情况

1. "超大直径泥水平衡盾构隧道施工关键技术"获得2010年度上海市科技进步二等奖；
2. 2008年度上海市城乡建设和交通委员会上海市优质结构工程；
3. 2011年度上海市市政公路工程行业协会上海市市政工程金奖。

上中路隧道南线全景

上中路隧道北线全景

泥水沙堡系统

上中路隧道内全景

超大直径隧道双层道路同步施工

盾构机井内调头

广州绕城公路东段（含珠江黄埔大桥）

（推荐单位：广东省交通运输厅、广东省土木建筑学会）

一、工程概况

项目北起广州市萝岗区，与北二环高速公路相接，向南跨越广深高速公路、广园快速路、广深铁路、国道107、广深沿江高速公路，在黄埔区菠萝庙船厂西侧跨越珠江主航道和辅航道至番禺区化龙镇，终点与广珠东线高速及广明高速公路相接，路线全长18.694km。项目按远期八车道高速公路标准建设，主要结构工程包括特大桥1座、大桥4座、互通立交5座、长隧道1座。

项目控制性工程为珠江黄埔大桥和龙头山隧道。其中，珠江黄埔大桥是广东省内规模最大的桥梁，全长7016.5m，大桥包括不等跨径、不对称纵坡（1%单向坡）的在建时国内最大跨度（383m）独塔斜拉桥；不等锚跨、不对称纵坡（1%和~2%）、超千米跨径（主跨1108m）的世界最宽（41.69m）整体式钢箱梁悬索桥；采用世界最大跨度（62.5m）移动模架施工的连续梁和连续刚构桥。龙头山隧道是国内第一座双洞八车道高速公路长隧道。

工程于2004年12月开工建设，2008年12月建成通车，2013年3月通过交通运输部组织的竣工验收，总投资41.03亿元。

二、科技创新与新技术应用

1. 大跨桥梁设计和施工技术：提出了弹性限位索与阻尼器相结合的独塔斜拉桥塔区主梁支撑体系，减少了地震效应，改善了结构受力性能；首次提出了基于可靠度理论的大跨度斜拉桥施工监控方法；成功设计了无抗风缆和下压装置的猫道体系，形成了大跨度悬索桥上部结构快速施工和高精度控制成套技术；提出超大型深基础嵌岩式地下连续墙考虑环向分配的弹性地基梁设计方法，并形成了"抓、冲、铣"相结合的成槽工法；首次提出了钢箱梁顶板加劲小横隔板的设计方法和超宽钢箱梁高精度制造控制方法。

2. 大跨隧道设计和施工技术：提出了考虑施工过程的大跨隧道围岩压力计算理论与方法，与传统方法计算的围岩压力相比减小约40%，突破了大跨隧道结构设计的技术难题；提出了软弱地层大跨扁平隧道施工的直立双侧壁法和开挖断面封闭的双控指标，有效控制了围岩的变形；创建了硬岩大跨隧道施工的中导洞先行贯通再分块扩挖法，与传统方法相比减小爆破振速约30%，更好地保护了围岩；提出了大跨隧道LED节能照明技术及阻燃沥青路面防灾技术，大幅度降低了运营成本，实现了项目的低碳、安全运营。

3. 路基与环保设计和施工技术：提出一种新型的路基断面设计方案和管理方法，系统解决城市高速公路建设软基处理、清淤排污和施工污染问题；通过全线路基土方的自平衡设计和路基边坡生态防护设计，最大程度降低高速公路建设和运营对道路周边城市环境的影响，

珠江黄埔大桥胜景

项目成为广东地区推行绿色生态文明建设和道路运营环境最优美的高速公路之一。

4. 公路建设执行控制管理技术：首创了公路建设执行控制管理技术体系和技术创新实现平台，开发了具有强大数据统计分析功能和智能决策功能的公路建设信息化管理系统，有效提高了工程科技成果的孵化能力，实现了管理技术与工程技术的无缝衔接。

三、获奖情况

1. "双洞八车道高速公路隧道关键技术研究"获得2009年度广东省科技进步一等奖；

2. "重大建设项目执行控制体系与技术创新管理平台研究"获得2010年度湖南省科技进步一等奖；

3. "广州珠江黄埔大桥悬索桥锚碇设计与施工技术研究"、"公路工程建设执行控制成套技术研究与应用"分别获得2008年度和2009年度中国公路学会科技进步一等奖；

4. "桥跨62.5m预应力混凝土箱梁移动模架设计、制造与施工等关键技术研究"获得2009年度中国公路学会科技进步二等奖；

5. 2009年度中国公路勘察设计协会新中国成立60周年公路交通勘察设计经典工程；

6. 2010年度中国公路勘察设计协会公路交通优秀设计一等奖；

7. 2009年度中国铁道工程建设协会火车头优质工程一等奖。

珠江黄埔大桥南汊悬索桥

珠江黄埔大桥北引桥

无抗风缆和下压装置猫道体系

龙头山隧道LED节能照明和阻燃沥青路面

广州绕城公路东段
（含珠江黄埔大桥）

珠江黄埔大桥南引桥62.5m移动模架施工

项目起始段路基路面工程

119

沿江高速公路芜湖至安庆段

(推荐单位：中国土木工程学会工程风险与保险研究分会、安徽省交通运输厅)

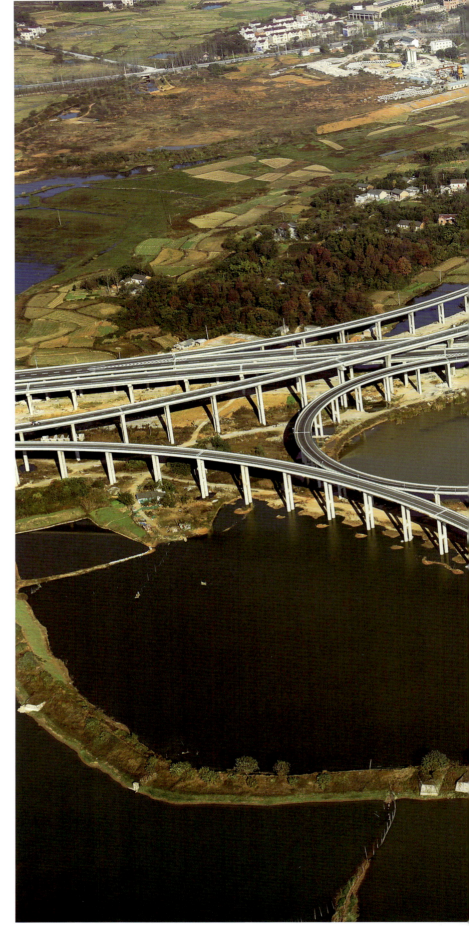

全景

一、工程概况

本项目是国家高速公路东西横线G50沪渝高速公路的重要组成部分，是安徽省路网"四纵八横"中重要一横，全长161.15km。东接芜马、芜宣、芜雁高速公路，通往沪、苏、浙；在上水桥与G3京台高速交叉，沟通九华山、黄山、太平湖；西接安景高速公路、安庆长江大桥，连接江西、湖北。它是八百里皖江第一高速公路，与长江黄金水道、京福高铁、宁安城际铁路共同构筑安徽省综合交通运输体系。

本项目在设计与建设管理过程中对工程质量风险的预判、评估与控制在工程实践中随着岁月的流逝充分得到了验证。建成通车7年之久，在重交通荷载和自然因素的相互作用下，路面使用性能基本没有衰减，行车安全舒适，基本处于零养护状态。

开展"把公路放到自然环境和社会环境的大系统中考虑成本"，对公路在"建、管、养"全寿命周期内的成本进行分析论证。从设计、施工、管理阶段积极采取减少后期养护、延长使用寿命的方案，通过积极采用新工艺、新材料和新技术，提高工程建设质量。从工程概算64.9754亿元到最后工程决算54.465793亿元，减少工程投资10.509607亿元。

工程于2004年4月开工建设，2013年5月28日竣工，总投资54.5亿元。

二、科技创新与新技术应用

1. 运用工程风险管理的手段，在地质环境极其不利的条件下，开展了线路规划风险规避及设计、施工风险管控研究，提出了"四维风险管理"的新模式。本工程建设的成果是公路工程风险管理应用的典型代表，也是一条环境友好、资源节约、技术创新的典型示范公路。

2. 针对沿江深厚软基的孕险环境，突破传统地基处理方法，提出了"干振复合桩复合地基处理"新技术进行深厚软基浅层处理，有效规避软基引起的各种不利后果，达到保护湿地环境、保证地基承载力与变形控制、节约工程造价的效益最大化目的。

3. 针对安徽省公路建设史上最大规模的地下溶洞群高风险源，提出了"岩溶区桩基勘探与设计"新技术，规避解决了设计、施工中的各种风险，建成了华东地区特大型交通枢纽的代表工程——上水桥互通立交枢纽。

4. 针对公路沿线人文厚重的历史遗址多、山水自然风景美、皖南人均耕地少的生态风险环境特点，提出了路基路面一体化设计的低路堤建设技术，规避和控制了公路建设对生态文明建设的不良后果，达到不破坏自然环境、节约用地的建设目标。

三、获奖情况

1. "软土地基处理新工艺的研究——干振复合桩复合地基"获得2006年度安徽省科学技术二等奖及中国公路学会科学技术二等奖；

2. "高速公路沥青路面混合料设计与施工技术研究"获得2011年度安徽省科学技术三等奖；

3. "安徽沿江高速公路软基处理关键技术研究"、"超薄沥青混

凝土在特大水泥混凝土桥面中的应用研究"获得2012年度安徽省科学技术三等奖；

4. 2011年度安徽省工程勘察设计协会安徽省优秀工程勘察设计行业奖一等奖；

5. 2007~2008年度中国公路勘察设计协会公路交通优秀设计三等奖；

6. 2008年度安徽省建设工程"黄山杯"奖。

上水桥互通穿越铜九铁路

与黄山、九华山相连

沿江高速公路芜湖至安庆段

桥梁穿越农田

道路俯瞰——声屏障

上海港外高桥港区六期工程

(推荐单位：中国土木工程学会港口工程分会)

一、工程概况

上海港外高桥港区六期工程码头岸线总长度为1538m，建设5个大船泊位，包括1个10万吨级和2个7万吨级集装箱泊位（水工结构均按靠泊15万吨级集装箱船设计），2个5万总吨级汽车滚装泊位；码头下游内侧建设2个长江驳泊位（水工结构均按靠泊5000总吨级汽车滚装船设计），泊位总长度为225m。

水工建筑物包括码头（7个泊位）、引桥（4座）、引堤（4座）和防汛闸门（4座）。码头和引桥均采用高桩梁板结构形式，基桩采用Ø800mmPHC桩。引堤为抛石斜坡堤结构。防汛闸门采用自行式钢闸门。

工程陆域纵深约为1,200m，陆域总面积约为181.9万㎡，其中：堆场面积为80.9万㎡，港区主要道路面积为47.8万㎡，生产及生产辅助建筑面积为50.55万㎡，主要装卸机械为40台（套）。

本工程集装箱设计年吞吐能力为210万TEU，滚装汽车设计年通过能力为73万辆。

工程于2009年1月开工建设，2010年12月竣工，2011年10月通过国家竣工验收，总投资45.97亿元。

二、科技创新与新技术应用：

1. 总体设计采用全新的现代化港区功能横断面布置模式，布置了经济高效的码头前沿作业区和内港池、堆场区以及第三代港口拓展物流服务的空间。港区采用功能分区的先进设计理念，按照不同服务功能，港区分为集装箱作业区、滚装汽车作业区、物流服务区、管理办公区等，实现了生产区与管理区分离、人流车流分开。本工程建设了3座目前国内最大的多层停车库，节省了土地资源。

2. 港区设计引入新一代物流概念，构建了定制化汽车物流增值服务平台，实现了汽车滚装码头、汽车增值服务中心、汽车分拨中心的一体化运营，港口从单一的装卸功能向客户定制化增值服务延伸，具备汽车分拨、零部件配送、一站式增值服务等功能的多元化港口物流服务模式。

3. 施工中开发了桩帽快速拼摸技术，解决了受水位影响导致施工时间短的问题；开发了钢筋自动下料软件，提高了工作效率；道路和堆场垫层施工采用了双向高强钢格栅+热焖钢渣+三渣垫层形式，有效防止了地基的不均匀沉降。

4. 大型装卸设备中采用节能环保创新技术，研制了我国首台移动式变频、变压岸基船舶供电设备并投入使用，集装箱堆场采用E-RTG节能作业模式，码头采用节能式岸边集装箱起重机等。建筑设计和施工应用了维护结构节能技术，建筑设备节能技术，建立了能耗采集管理系统。

外高桥港区六期工程全景图

三、获奖情况

1. 2012年度中国水运建设行业协会水运交通优秀设计二等奖；
2. 2012年度中国水运建设行业协会水运交通优质工程奖；

3. 2008年度上海市建筑施工行业协会上海市建设工程"白玉兰"奖;
4. 2011年度上海市市政公路工程行业协会上海市市政工程金奖;
5. 2010年度中国建筑金属结构协会中国钢结构金奖。

外高桥港区六期工程全景图

多层停车库立面

上海港外高桥港区六期工程

多层停车库及汽车服务中心外景

汽车VPC检测中心内景

汽车服务中心内景

汽车堆场全景图

集装箱堆场全景图

码头鸟瞰图

外高桥港区六期工程全景图

上海港外高桥港区六期工程

北京地铁大兴线

(推荐单位：北京市建筑业联合会)

大兴线西红门高架站全景图

一、工程概况

北京轨道交通大兴线是一条位于城市南部，整体呈南北走向的线路，连接丰台、大兴两个行政区，与4号线贯通运营、共同构成一条北京市南北向客运骨干线路。北京地铁大兴线线路起点为地铁4号线公益西桥站南侧接轨点，终点为大兴区天宫院站。正线线路全长21.8km，其中地下线17.5km，高架线3.6km，过渡段0.7km。全线共设车站11座（地下站10座，高架站1座），线路南端设车辆段1处，控制中心设在小营指挥中心。

设计最高运行速度80km/h，设计旅行速度40km/h。采用B型车6辆编组，系统最大通过能力按每小时30对设计；采用全线大交路及小交路相结合运营，初、近、远期最小行车间隔为2.5、2.1、2.0分钟。设计远期最大高峰小时断面流量2.74万人/h，日客运量38万人次，年客运量13,921万人次。

工程于2008年2月12日开工建设，2010年9月28日竣工，总投资114亿元。

二、科技创新与新技术应用

1. 一体化设计。大兴线有6座车站建筑方案采用地上地下空间及交通衔接一体化设计，提升车站使用功能和土地利用价值。车站与城市建设结合完美，出入口风亭、交通接驳设施与城市景观建筑紧密结合，全线分别在新宫和天宫院设2处P+R停车场，人性化设计非常突出。

2. 施工技术创新。黄村火车站～义和庄站区间下穿黄村火车站轨行区12股道，盾构覆土厚度11m，穿越影响范围130m。成功穿越后轨面最大沉降仅5mm，创造了新的工程记录。跨京开高速公路桥梁采用主跨85m钢混结合梁，最大单段运输长度33m，最大单段运输重量达230t。其主跨长度、单段运输和吊装重量在城市轨道交通方面均创下了国内新纪录。

3. 大兴线每座车站均引入了公共艺术品装饰，使城市轨道交通在承担公共运输功能的同时传承历史文脉，传达城市形象的重要场景空间。

4. 大兴线建成后一次性全功能开通基于无线通信的移动闭塞ATC系统，并实现了与4号线的贯通运营，开通后高峰期最小发车间隔2.5分钟。开通运营后两年来，服务水平超过国家标准，安全运营状况良好，取得了良好的社会评价和经济社会效益。

三、获奖情况

1. 2011年度中国铁道工程建设协会火车头优质工程奖；
2. 2012年度北京市规划委员会北京市第十六届优秀工程设计一等奖；
3. 2012年度天津市勘察设计协会"海河杯"天津市优秀勘察设计"市政公用工程"一等奖；
4. 2010年度北京市政工程行业协会市政基础设施结构长城杯金质奖工程；

5. 2010年度北京市政工程行业协会市政基础设施竣工长城杯金质奖工程；

6. 2010年度中国建筑金属结构协会中国钢结构金奖。

建设中的高架桥声屏障

高架桥面及疏散平台

区间盾构隧道及疏散平台

矿山法区间隧道施工

车站内部装修

地铁车站内文化艺术品墙

侧式站台站内跨轨人行天桥

跨京开高速公路大跨度钢混结合梁

北京地铁10号线国贸站

(推荐单位：中国铁道建筑总公司)

一、工程概况

北京地铁10号线国贸站为一座与地铁1号线换乘的大型换乘车站，车站处在北京市CBD核心区域东三环中路与建外大街交叉口处，呈南北走向，按分离岛式车站设计，复合式衬砌结构。其主洞室设计长度131.2m，最大单跨开挖宽度15.15m，高度19.386m。两个主洞室之间内接两个客流通道与一个设备联络通道，外连东北、西北和南侧三个风道，共设东北、西北（AB）、东南四个出入口以及一个换乘通道。总建筑面积为18,955.8m^2。

国贸站位于国贸立交桥下，桥桩密集，管线密布，设站条件非常苛刻，周边环境条件特别敏感。国贸站是首次在桥区采用浅埋暗挖法修建的大型地铁车站，主要采用洞桩法、CRD法与台阶法进行施工。站址处工程地质与水文地质条件复杂，结构上方上层滞水饱和，拱部多为中细砂与粉细砂，受动荷载影响明显，车站开挖成拱条件极差，施工难度极大，工程风险极高。

工程于2004年3月开工建设，2008年4月竣工，总投资2.5亿。

二、科技创新与新技术应用

1. 设计思路新颖，首先提出在桥桩密集区域采用分离岛式车站的设计理念。车站处于地面交通繁忙的东三环路下，不允许断路，且地下管线密布，无法采用明挖法施工，即使采用了浅埋暗挖法施工，在桥区也无法采用传统的三跨二柱式结构方案。分离岛式车站将整体车站一分为二，分别设在两排桥桩之间，既可实现设站的要求，又可不拆桥桩，不影响立交桥的正常运行，与错开的侧式车站相比缩短了车站长度，可大大方便乘客的通行。

2. 实行全方位、全过程的风险管理。国贸站周边环境复杂，地铁车站施工直接影响立交桥和既有地铁线路的运营安全，风险极大。在对立交桥进行动态诊断的基础上，根据立交桥的健康状况，创造性地提出市政桥梁采用"分级、分区域、分阶段"控制沉降的概念及具体保护措施。国贸站风险管理的实施，直接引导和推动了北京地铁乃至全国地铁建设中"风险管理体系"的形成和建立。施工过程中国贸立交桥始终畅通无阻，确保了奥运会的顺利进行。

3. 在桥桩加固体和隔离保护中首次采用复合锚杆桩保护技术，即在地面向下施作特制的长锚杆，然后从锚杆孔进行深孔劈裂注浆，达到加固桥桩周围土体，又能隔断洞室开挖变形的传播。该技术不仅克服了传统隔离技术在此无法实现的难题，且成本低、工期短、施作方便。

4. 做到了动态设计，信息化施工。由于国贸站为群洞组成的复杂结构体系，且各洞室埋深差异大，施工时间和顺序各不相同，因此，受力转换频繁，群洞效应明显。施工过程中，通过严密的施工监测和信息实时反馈，进行了施工动态设计，指导了施工措施和施工工艺的调整和优化，确保了施工质量和安全。

5. 首次在地铁车站中采用光栅传感器和光纤光栅-纤维复合筋对车站结构进行长期的健康监测，并建立了"车站结构健康评价体系"，为长期的运营维修提供了科学依据。

三、获奖情况

1. "地下工程开挖诱发灾害防控关键技术开发及应用"获得2012年度国家科技进步二等奖；

2. "隧道开挖诱发工程灾害预防与治理关键技术研究及工程应用"获得2009年度北京市科技进步二等奖；

3. 2007年度北京市政工程行业协会市政基础设施结构长城杯金质奖工程。

北京地铁10号线国贸站整体效果图

北京地铁10号线国贸站站台层

北京地铁10号线国贸站站厅层

北京地铁10号线国贸站站台间客流通道

北京地铁10号线国贸站出入口

香港市区截流蓄洪工程

（推荐单位：香港工程学会）

一、工程概况

香港市区截流蓄洪工程，是香港历来最大的排洪计划。工程包括建造三条共长20km，设计总排水量达每秒460m³的雨水排放隧道，及两个位于市区地下，总贮水量为109,000m³的蓄洪池。雨水排放隧道的设计雨量重遇期为二百年，而隧道建成后下游市区将可抵御五十年一遇的暴雨。

"港岛西雨水排放隧道"横跨香港岛，沿半山兴建，主隧道长11km，内径为7.25m。"荔枝角雨水排放隧道"位于九龙西北部，隧道全长3.7km，由一段2.5km长沿半山兴建的分支隧道，及一段1.2km长贯通荔枝角市区地底的主隧道组成，内径为4.9m。"荃湾雨水排放隧道"穿越新界大帽山南面，长5.1km，内径为6.5m。"大坑东蓄洪池"位于九龙北部，贮水量达100,000m³。"上环蓄洪池"位于香港岛上环低洼地区，容量为9,000m³。

三条雨水排放隧道及两个地下蓄洪池相互配合，为香港市区多个沿岸地方，包括主要商业中心及稠密商住区域，提供长远有效的防洪保障。截流蓄洪成效显著，大大提高了香港地区的防洪能力和标准，有效地减轻了城市的洪涝灾害，在近年的多次暴雨中未出现内涝现象。

工程于2001年1月开工建设，2012年6月竣工，总投资70亿港币。

二、科技创新与新技术应用

1. 设置阻尼层，采用减振控制系统，有效地提高了风荷载下的舒适度。理念创新：防洪与排涝相结合，从源头高点把市区腹地的雨水在半山截流，利用雨水排放隧道，绕过下游市区，直接排放出海，减少了对市区的影响；地下空间蓄洪，改善现有市区排水系统不足问题，有效疏导洪峰，解决市区低洼点的积水问题。

2. 工程措施创新：首次在香港隧道施工中进行4.2倍大气压力的压缩空气环境下工作，并实现零减压病个案，在高压隧道建造技术上有突破；首次广泛采用反井建造法，大幅减少车辆运输对城市环境的影响；首次在香港同步实施隧道钻挖和分支隧道爆破，有效缩短工期。

3. 技术应用创新：工程设计应用模型及计算流体力学模拟技术，准确分析进出水设施等的水力性能，优化设计，达到最佳的截流及排洪效果。

4. 雨水回收利用，用于冲洗街道、灌溉绿地等，节约了水资源。雨水排放隧道的截流设计，亦保持了河道生态环境和下游河道的景观。

5. 一地多用，实现防洪设施与社区设施、交通设施共融，充分利

香港市区截流蓄洪工程整体规划

用两个地下蓄洪池上盖，地面作为球场或公园，达到地尽其用；在高架公路下，利用静水池上盖维修空间，修建了大型公众宠物公园，集防洪、运输、休闲于一身，为繁忙市区提供绿化及休憩空间及交通保障。经济效益与社会效益十分明显。

6. 防洪排涝标准的提高，减少城市内涝风险及民生威胁和经济损失；工程选址和隧道施工方法的采用，避免在市区内广泛开挖路面对市民、交通和商业活动产生的影响，解决了传统防洪工程方案对市民正常生活的干扰问题。

三、获奖情况

1. 2014年度国际水协会"项目创新奖"设计组别"全球荣誉奖"及"东亚地区大奖";

2. 2012年度英国工程杂志 Ground Engineering举办"年度国际工程大奖"Finalist;

3. 2012年度International Tunnelling and Underground Space Association及英国工程杂志New Civil Engineer与Ground Engineering合办"国际隧道工程奖"Finalist;

4. 2011年度International Tunnelling and Underground Space Association及英国工程杂志New Civil Engineer与Ground Engineering合办"国际隧道工程奖"冠军;

5. 2013年度香港工程师学会21世纪香港十大杰出工程项目;

6. 2012~2013年度香港工程师学会工程创意大奖。

荔枝角雨水排放隧道进水竖井

雨水排放隧道内观

上环蓄洪池上盖开放为海滨休憩用地

大型公众宠物公园，防洪、运输、休闲一地三用

蓄洪池内观

雨水排放隧道及蓄洪池的地面构建物均备大量绿化元素

雨水排放隧道绿化结构

重庆市主城区天然气系统改扩建工程头塘储配站

(推荐单位：中国土木工程学会城市燃气分会)

一、工程概况

该工程是重庆市主城区天然气系统改扩建工程的重要组成部分，是中日两国政府批准的中日环境合作示范城市项目，位于重庆市江北区。储配站占地面积90.5亩，包括建设几何容积为10,000m^3、设计压力为1.05MPa的高压天然气储气球罐6台、配气站1座、自动控制系统及配套设施。该站年供应天然气能力为$5.54×10^8m^3$。接收石油部门高压天然气，经过滤、调压、计量和储存等工艺过程，分别向下游两级管网输送天然气，起到了调峰配气、保证供气安全的重要作用。

该工程通过优化设计和全面国产化建设，大大减少了工程投资，与建设同规模的进口球罐相比，资金节省近1亿元，同时大大缩短了建造周期，具有显著的经济效益和引领示范作用。工程的建成投产，有效地提高了重庆市主城区供气调峰能力，在天然气供应安全保障方面起着极为重要的作用。该工程的建成，明显改善了重庆市主城区的大气环境质量，空气中二氧化硫浓度从0.314mg/m^3降至0.087mg/m^3，消减率72%，经重庆市环保局监测，达到《环境空气质量标准》GB3095的二级标准。

工程于2003年4月开工建设，2009年2月投入试运行，2011年7月完成竣工验收，总投资1.37亿元。

二、科技创新与新技术应用

1. 高参数大型化天然气球罐研制实现了国家"九五"重大科技攻关项目——几何容积10,000m^3、压力1Mpa的大型天然气球罐研制，在设计、压制、组装全面实现国产化，掌握了各项关键技术，形成了多项科研技术创新成果。头塘储配站10,000m^3球罐的建成被国家质量技术监督局和容标委专家誉为"我国压力容器划时代突破，成为我国球罐建造史上的一个里程碑"。

2. 在燃气输配工艺系统中，通过对工艺流程进行优化创新，降低因天然气进罐引起的调压器前压力波动；最大限度实现了充分利用进站1.2MPa天然气和球罐中的较高压力天然气向0.8MPa管网调峰；可以根据球罐不同压力和调峰气量的需求调度6台球罐中的1台或数台球罐同时或分别向中环次高压管网及中压管网供气，最大限度利用球罐压力，提高调度运行的灵活性；减少球罐的开孔，球罐进气、出气、放散共用一个管口，增加了球罐的安全性，仅减少接管及阀门一项总计节约资金150万元以上。

3. 在信息自动化控制系统方面，采用了国际先进技术手段，使全站工艺控制通过自动进罐储气、自动出罐调峰、调压器、流量计自动切换、储罐的自动运行等各环节，实现全自动的生产运行管理要求，是目前国内工艺控制最先进的高压球罐站。

头塘储配站全景图

4. 在站场土建方面，采用4个台阶建造，从而最大限度利用场地，有效降低土石方的外运，很好地解决了对周围环境的影响。在高填方挡墙建造中，提出安全、先进、经济、美观的设计方案，即采用斜锚桩、斜拉梁的结构体系建造了一段130m的高填方挡墙，最高填方高度23m，其形式新颖、经济可行、施工复杂，在重庆属于首创。与传统方式相比，节约资金600余万元。

三、获奖情况

1. "一万立方米大型天然气球罐的研制"获得2006年度重庆市科技进步二等奖;

2. "重庆市头塘大型天然气储配站工程技术创新"获得2012年度重庆市科技进步三等奖;

3. "天然气球罐高参数大型化自主创新技术研究"获得2011年度国家能源科技进步三等奖;

4. 2009年度中国勘察设计协会全国优秀工程勘察设计行业奖"市政公用工程"一等奖;

5. 2008年度天津市勘察设计协会天津市"河海杯"优秀勘察设计(市政类)一等奖。

储气球罐区

重庆市主城区天然气系统
改扩建工程头塘储配站

输配工艺区

箱梁纵移

重庆市主城区天然气系统改扩建工程头塘储配站

旧广州水泥厂社区改造项目
（岭南新苑、财富天地广场）

（推荐单位：中国土木工程学会住宅工程指导工作委员会）

一、工程概况

旧广州水泥厂社区改造项目位于广州市荔湾区西湾路，占地面积26万m^2，总建筑面积达66万m^2，是集住宅小区岭南新苑、商业办公功能财富天地广场、多项公建配套设施于一体的大型城市综合体。

其中，岭南新苑小区总建筑面积229,591m^2，由11栋32层高层建筑半围合组成，共有1,839户，所有户型均为套内面积90m^2以下户型，满足普通老百姓的需求。地下两层为车库，共有车位1,226个。小区在规划布局、建筑及园林设计上充分结合岭南地区气候和地理条件，形态风格具有浓郁的岭南地域特色。

财富天地广场商贸城总建筑面积272,448m^2，定位为具有休闲购物特色、零售、批发、展贸于一体的超大型鞋业皮具主题商城。地上五层用作商业，地下二层为车库，共有车位1,994个。三栋写字楼总建筑面积为119,852m^2，分别为22层、24层、26层，共有地下车位432个。

项目公建配套设施十分完善，总建筑面积44,663m^2。包括幼儿园、小学、中学；高标准电影院、邮政所、街道办事中心、居委会、老年人活动中心、消防站、垃圾压缩站。另外无偿配建约3km市政道路、人行天桥及掉头隧道等路网，扩建近万平方米的增埗公园，近3万m^2的休闲广场，代建220kV变电站。

工程于2008年10月开工建设，2012年5月竣工，总投资60亿元。

二、科技创新与新技术应用

1. 交通规划上，通过修建横跨西湾路天桥和隧道将财富天地商贸

项目全景图

城与三栋办公楼进行空中、地面、地下立体式交通连接，解决了西湾路旧城路窄车辆拥堵及掉头难问题。财富天地商贸城东侧特别设置附楼交通空间作为货运集散地，实现人车分流、客货分流，降低了旧城区原本繁乱拥堵的交通压力。

2. 岭南新苑小区规划设计中，将岭南地区气候和地块的地域特点与岭南传统建筑布局及风格相融合，使得岭南新苑的通风、绿化环境充分满足使用者舒适需求，这不仅是对千百年岭南本土居住文化的传承，也体现了开发商的社会责任感。

3. 财富天地商贸城遵循"清晰、简洁、高效、灵活"的商业建筑模式，务求功能齐全、设施完善、技术先进、使用高效。建筑布局、结构和设备选型经济、合理、安全适用，凸显商业价值。

4. 施工建设中，为了实现成本节约，保证质量，钢结构施工均采取地面焊接网格，然后整体提升安装，给施工带来不少难度。为此，首创螺旋球桁架升降机整体提升大跨度穹顶网架施工技术，并成功获得省级工法证书。

5. 项目西南角使用先进的中水处理系统，通过收集雨水及生活废水进行处理，出水用于园林绿化灌溉及车场冲洗；岭南新苑小区使用13套管道式日光灯，将自然光导入地下停车场，节省能源消耗。

三、获奖情况

1. 2012年度广东省土木建筑学会詹天佑故乡杯奖；
2. 2013年度中国土木工程詹天佑奖优秀住宅小区金奖。

岭南风格建筑图

财富天地广场商贸城

岭南新苑住宅俯瞰图

旧广州水泥厂社区改造项目
（岭南新苑、财富天地广场）

夜色下的岭南新苑

岭南风格园林全景图

旧广州水泥厂社区改造项目
（岭南新苑．财富天地广场）

中水处理系统

旧广州水泥厂社区改造项目
（岭南新苑．财富天地广场）

武汉百瑞景中央生活区（一、二期工程）

(推荐单位：中国土木工程学会住宅工程指导工作委员会)

一、工程概况

项目位于武汉市原武汉锅炉厂老厂区，处于城市核心，毗邻大学城和三大商圈，是集居住、文化、商业、教育、运动、娱乐和生态景观的城市综合体。项目用地53万m^2，总建筑面积约106万m^2，居民超过1万户。

项目一、二期占地约13.8万m^2，总建筑面积39.9万m^2，建筑密度16.6%，绿化率41%，容积率2.3，住户2,812户。高层住宅18栋，小高层住宅5栋，多层艺术与运动中心1栋，临街商铺1栋，停车位1,703个。项目内中学、小学、幼儿园已启用，近10万m^2商业项目包括大型商业综合体瑞景广场、一公里情景商业街、大型超市影院、403国际艺术运动中心、社区服务中心、3万m^2生态公园、恒温泳池和网球场等一系列生活、休闲、健身、娱乐、购物配套设施陆续投入使用。

工程于2008年8月开工建设，2012年10月竣工，总投资5.65亿元。

二、科技创新与新技术应用

1. 作为武汉首个平方公里级大型城市居住区，将居住功能与城市休闲、文化、娱乐、运动、购物、教育互动，打造了城市生活新载体。首创情景体验式商业突破传统购物中心的布局，将消费过程转换为休闲体验过程。

2. 充分尊重地块原有肌理和文脉特征，树龄达几十年的珍稀植物采用GPS定位予以保留，建筑规划与原生植被紧密结合。将积淀的工业遗存403车间采用新技术加固改造成绿色节能建筑，既保留了原有历史文脉，又赋予了403国际艺术运动中心的新功能，成为中央生活区文化艺术及运动的精神堡垒。

3. 利用现有地形高差设计的阳光地下车库是本项目的一大特色，车库顶面部分高于周边地面标高，既最大限度节约地面资源，又通过天井和平地面的出入口，将自然通风和自然采光引入，避免白天电灯照明和排风系统换气，此特有的车库形式节能和节地效果十分明显。

4. 住宅单体平面布局、层高和套型设计综合考虑武汉地区盛行的季风特点，建筑布局使风的轨迹和"风玫瑰图"吻合，小区内形成专门风道，夏季东南季风贯穿小区内部，有效降低热岛效应，自然通风散热减少空调使用时间，节约能耗，规划理念先进。

5. 利用计算机项目管理软件对工程进度计划进行动态调整，指导资源投入，确保建设总工期的实现，这种项目管理方式在国内还比较少。掺加高性能外加剂的高性能混凝土，改善了混凝土的和易性，提高混凝土的耐久性，同时减少水和水泥用量及相应的碳排放，在工民建领域的应用属于起步阶段。智能家居无线智能控制技术及可逆式硅藻土泳池过滤技术、整体密肋梁楼盖施工工艺国内领先。

6. 雨水回收系统实现了雨水再利用，达到节约水资源的目的；太阳能集中集热系统、管道式日光照明系统和太阳能灯具将太阳能转

项目全景

换为热能和光能;双向流热回收新风系统等多项节能环保技术集成运用,实现了绿色节能、科技创新的生活方式。

三、获奖情况

1. 2013年度中国土木工程詹天佑奖优秀住宅小区金奖;
2. 2010年度湖北省住房和城乡建设厅湖北省建筑优质工程(楚天杯);
3. 2010年度湖北省建设工程质量安全协会建筑结构优质工程。

第十二届中国土木工程詹天佑奖获奖工程集锦

二期全景

一期全景

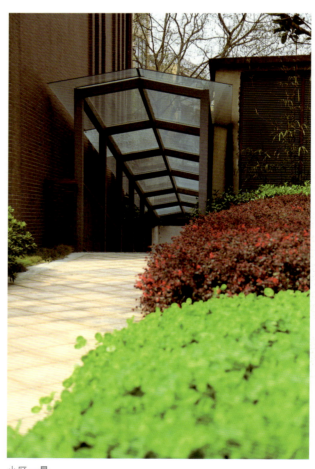

小区一景

建筑外景

建筑立面

武汉百瑞景中央生活区
（一、二期工程）

工业遗存403车间被改造成国际艺术中心

百瑞景中央公园

利用地形高差设计的阳光地下车库

小区一角

管道式日光照明系统运用

建筑侧立面

海军1112工程消磁站工程

（推荐单位：中国土木工程学会防护工程分会）

一、工程概况

该工程是军队重大战备国防工程，任务使命是为我海军大型舰船磁性防护提供保障。

消磁站由码头主体、工艺设备及后方保障设施三部分组成。码头主体分为引船码头、主辅码头、引桥三部分。工艺设备由电站系统、电源系统、测磁系统、线圈系统和控制系统五大系统组成，主要包括各类电缆、测磁探头、设备等。后方保障设施总建筑面积8,000m²。

二、科技创新与新技术应用

1. 开展了系统完整的地磁勘测、水文观测、波浪物理模型试验、潮流与泥沙运动数学模拟等研究及专题论证工作，为今后大型消磁站建设提供了借鉴。

2. 首次采用大体积素混凝土方块结构，解决了木质结构消磁站耐久度差、消磁能力弱和常规钢筋混凝土结构消磁站易被磁化、消磁水平不高的难题，满足了特殊的技战术要求，达到了世界领先水平。

3. 突破传统施工工艺，开展了"码头基床爆夯处理"、"钢桁架定位塔高精度安装深水多层方块"等施工工艺研究，保证了消磁工艺高精度要求。码头建成后总沉降量小于2cm，最大位移6mm，方块安装精度优良率96.3%。

4. 建立了全过程磁性控制体系，采用因素控制、预防检查、阶段验证、动态控制等管理手段，确保了消磁站整体低磁均匀度要求。

5. 研制了四层高精度检测线圈及其检测电源，解决了垂向感应磁场难以测量和分解的难题，创造了在消磁站内自动测量的先例。

6. 研制了专用消磁工作线圈，解决了不同大小舰船磁场测量的难题，提高了消磁效率，节约了消磁能耗。

7. 首次设计了水线三分量传感器阵列，拓宽了舰船磁场防护空间，为舰船全空间磁场防护提供了条件。

8. 采用通信终端前移的设计思路，研制了自动化程度高、智能化程度强的消磁控制系统，实现了所有消磁设备的有效管理和监测，为建立现代化消磁站提供了坚实基础。

三、获奖情况

1. 2010年度中国建设工程造价管理协会工程造价优秀成果奖（一等奖）；

2. 2012年度海军优秀勘察一等奖、海军优秀设计一等奖、海军优质工程一等奖；

3. 2013年度军队优秀设计一等奖、军队优质工程一等奖；

4. "一种用于深水多层方块安装的定位塔"获得国家知识产权局2013年度国家级实用新型专利。

全景

海军1112工程消磁站工程

远景（一）

远景（二）

海军1112工程消磁站工程

主辅码头

引船码头

引桥及控制房

165

方块预制

定位塔安装方块

海军1112工程消磁站工程

发电机房

消磁设备

消磁控制

电力控制

图书在版编目（CIP）数据

第十二届中国土木工程詹天佑奖获奖工程集锦／郭允冲主编．—北京：中国建筑工业出版社，2014.11
ISBN 978-7-112-17421-8

Ⅰ.①第… Ⅱ.①郭… Ⅲ.①土木工程－科技成果－中国－现代 Ⅳ.①TU-12

中国版本图书馆CIP数据核字（2014）第256352号

责任编辑：张振光　杜一鸣
责任校对：李美娜

第十二届中国土木工程詹天佑奖获奖工程集锦

中　国　土　木　工　程　学　会
北京詹天佑土木工程科学技术发展基金会
郭允冲　主编
*
中国建筑工业出版社出版、发行（北京西郊百万庄）
各地新华书店、建筑书店经销
北京方舟正佳图文设计有限公司设计制版
北京画中画印刷有限公司印刷
*
开本：787×1092毫米　1/8　印张：21　字数：400千字
2014年11月第一版　2014年11月第一次印刷
定价：220.00元
ISBN 978-7-112-17421-8
（26688）

版权所有　翻印必究
如有印装质量问题，可寄本社退换
（邮政编码 100037）